地方志災異資料叢刊

第二編

33

于春媚 賈貴榮 編

國家圖書館出版社

第三十三冊目録

【民國】莆田縣志

石有紀修　張琴纂

福建省圖書館藏抄本

莆田縣志卷第二

通紀一

陳

光大二年戊子置莆田縣于延陵里尋併入南安（元和郡縣志）

案陳書天嘉五年十一月章昭達大破閩陳寶應於建安郡陳寶應逃至蒲口被執檻送京師此為莆地名見於載籍之始蒲口曷不書志為縣作是

時莆未立縣無所繫也陳割晉安郡為豐州是年
置莆田縣屬焉未幾縣廢曷為書之志始也曷為
縣廢以縣多水也莆本海濱潟地多水則地無所
利而居民少故廢之也然縣之名自是立矣通鑑
綱目例建置更革皆書：陳置縣從其朔也

陳寶應侯官人世為閩中豪姓父羽有才幹侯景之亂晉安
太守蕭雲以郡讓羽羽老但治郡事令寶應典兵陳霸先輔
政羽求傳位於寶應霸先許之授寶應壯武將軍尋加員外
郎散騎常侍陳武帝永定二年封寶應侯官縣侯時東西嶺
道寇賊壅隔寶應自海道趨會稽貢獻天嘉二年留異反陳
寶應助之又資周迪兵粮出寇臨安二月司空侯安都破留

異於桃文嶺異奔晉安寶應納之四年正月周迪衆潰妻子悉擒迪脱身踰嶺走閩州寶應又納之十二月詔遣章昭達都督衆軍由建安南道度嶺討寶應命益州刺史余孝頃督會稽東陽諸軍自東海會之詔陸子隆隨章昭達踰嶺監建安郡五年十一月章昭達破建安寶應衆潰夜奔至莆口山草間竄而被執（陳書世祖紀　陳寶應傳　蕭乾傳　陸子隆傳　周迪傳）

隋

開皇九年己酉析南安置莆田縣

案是時莆又置縣與南安并立實兼仙游地而名

是年陳後主禎明三年隋始統一南北自光大至是凡二十二年

大業十二年丙子陳邁領泉南兵馬鎮莆田前志本傳

唐

武德二年己卯以陳邁知縣前志本傳

邁兼領縣事耳昌爲書莆令之有名者自邁始莆置縣至是爲令者多矣昌不書無所考也邁有德政人稱之立廟以祀民不能忘也

貞觀二年戊子置諸泉塘永豐塘瀝潯塘頡洋塘

置塘何以書重水利也莆地初闢必水利興而後

五穀熟民樂其居該書

宋志諸泉塘在城西一里今廢以地勢考之當在智泉下流今北磨頂埧是其遺蹟永豐今名蔡塘瀝滘塘在霞林棠坡之間皆附郭水利頡洋塘一名勝壽塘在上生院今廢為田溝道達於塘頭

貞觀五年壬辰鑿國清塘

呂言手鑿擴而大之也南洋六塘國清最大宋李長者宏築陂塞五塘為田留國清一塘以備蓄洩今鄭庄至土海皆其遺蹟五塘者横塘新塘陳塘唐坑塘許塘

聖曆二年己亥析莆田縣地置清源縣舊唐書

案自武德二年至是凡九十一年清源本南安地名別立為縣凡四十四年天寶閒別駕趙頎正考故事請改為仙游縣

久視元年庚子置武榮州以莆田清源南安三縣隸之舊唐書

景雲二年辛亥改武榮為泉州莆田縣仍隸之舊唐書

案唐初泉州即福州至是始改武榮州為泉州

大曆七年壬子李琦爲福州刺史福建都團使命所

屬設學

莆地屬泉州琦何以書以團練使乃兼圻也莆自

天寶間林披以明經擢第莆人知學之自琦始推

官吏倡學則溯自琦也唐初鄭露兄弟以學闢莆

矣曷不書以年代無所考也書其可考者信以傳

信矣

困學紀聞載獨孤及福州新學碑云閩中無儒家流成

公至而俗易家有洙泗戶有鄒魯成公即琦也舊唐書

代宗紀作琦重修學記作椅新唐書錡入叛臣傳
事與琦異今從舊唐書

建中元年庚申常袞為福建觀察使敬重儒生待歐
陽詹以客禮
常袞本宰相貶潮州刺史至是觀察福建曷為書
閩之秀民皆未肯北仕袞視民有能作文辭者與
為主客之禮宴饗必偕詹與羅山甫謁之袞泛舟
飲餞一時風俗為之大變閩中重儒自袞始故書

貞元七年己巳林藻擢進士第前志

業邑人登進士第自藻始歐陽詹以八年第進士
韓愈序以閩中舉進士自詹始偶未之考也
貞元八年庚午二月四日甘露降于文賦里潘嶺之原
潘嶺林孝子攅（宏治志作攢 其家譜作攅）廬墓處有司以為祥
奏聞朝旨派宫覆勘使者至是年十一月十七日
再降九年正月三降白烏群集勘實詔旌表林攅

孝子廬

貞元十三年乙亥詔蠲孝子林攅家徭役

貞元二十年壬午七月觀察使柳冕奏置萬安監牧

舊唐書

冕奏閩爲南朝畜牧地置萬安監於泉州界設都牧五悉部内驢馬牛羊萬匹監吏主之人情大擾期年無所滋息 新唐書

貞元二十一年癸未罷萬安監 新唐書

先是冕久不遷欲立事蹟以求恩寵乃奏置監牧境中畜產令吏牧之羊大者不過十斤馬良者估

不過數千不經時輒死人欲百姓信之遂迹以為
笑至是觀察使閻濟美奏罷之
元和八年癸巳觀察使裴次元在紅泉築堰瀦水墾
荒為田三百二十二頃歲收數萬斛以贍軍儲前志
通志作田二百二十頃收穀數百斛案南洋田多
一收初墾之地每畝收穀不過二石而農本工貲
在內安能盡贍軍儲以通志所考為是
寶曆五年丁未宣聖四十一代裔孫孔仲良任莆田

令 前志
書宣聖裔孫崇道也仲良後家於西門外孔里再
遷涵江
乾符六年已亥黃巢兵過莆經黃巷黃璞家知為大
儒滅炬而過 新唐書 前志
巢兵五年十二月陷福州明年趨廣南過莆田先
是巢反時軍中謠曰逢儒則辱其師必覆故過黃
璞家滅炬恐兵士犯之也

璞六世祖岸由侯官遷莆延福里今其塋在烏墩大順中進士所居曰黃巷其五子皆仕閩侯官之黃巷為其故居巢過門滅炬乃莆之黃巷若在侯官則巢過福州經年非夜過矣

天祐元年甲子四月詔遣右拾遺翁承贊加王審知檢校太保封琅琊王食邑四千戶食實封一百戶十國春秋

先是光啟八年王潮圍泉州二年拔之觀察使陳巖表潮為泉州刺史昭君大順二年陳巖卒潮遣弟審知攻福州十月朝旨以潮為福建觀察使乾寧三年卅王審知為節度使同平章事至是封為

王以翁承贊爲册禮使承贊莆人也

論曰莆自隋唐立縣山林初啟桑海變遷凡所以資民之生化民之俗者均莆民自爲之而非迫於法令如南湖三先生之倡學與吳長官之築陂陂皆開物成務不愧當代豪傑而紀載簡略時代不詳言興學者歸功於李成公言興水利者歸功於裴次元以史書可考也王氏據閩善政甚少惟厚租賦以贍軍建、寺院以資福至有清源佛國之稱其置四門之學建

昭賢之舘浮光士族多依之名為延納人材實則掩
飾物議是時世家大族不惜竄改譜牒句託鄉誼以
避免侵陵文獻無徵非一朝一夕之故矣

通紀二

後梁

開平元年丁卯五月進封福建節度使王審知為閩
王加中書令升福州為大都督府遣翁承贊為册禮
使十國春秋

後晋

開運二年乙巳三月李仁達殺王繼昌立雪峰僧卓

儼明為帝 資治通鑑作巖明

仁達光州人仕閩為元從指揮使久不遷怨閩主

曦奔建州王延政以為將朱文進弒曦復歸福州

陳取建州之策文進惡其反覆黜之閩故臣殺朱

文進迎王延政歸福州延政以方有唐兵未暇乃

遣其從子繼昌都督南都内外事鎮福州繼昌闇
弱嗜酒仁達說黃仁諷等叛繼昌自引甲兵突入
府舍殺之以雪峰寺僧卓儼明素為衆所重乃言
此僧目重瞳子手垂過膝真天子也相與迎立為
帝帥將吏北面拜之稱天福十年遣使奉表稱藩
於晉 通鑑 英越備史
四月卓儼明遣使迎其父於莆田尊為太上皇
仁達既立儼明自判六軍王延政聞變族仁諷家

命張漢真將水軍五千討儼明仁諷閩家夷滅閩
門拒戰大破漢真儼明遣使迎其父於莆田尊為
太上皇儼明無統御之畧但於殿上噀水撒豆作
諸法事兵權皆歸仁達五月李仁達大閱戰士請
儼明閱視陰教軍士刺殺之仁達陽走軍士共擁
仁達使居儼明之坐自稱威武留後用保大年號
奉表稱藩於唐亦遣使入貢於晉并殺仁達之父
通鑑南唐書

天德八年癸卯王延政稱帝於建州以節度判官番
承祐為吏部尚書未幾進承祐同平章事
承祐莆田人頗切直上陳書十事延政怒削其官
乾祐二年己酉十二月留從効兄從願殺漳州刺史
董思安
思安莆田人朱文進弑王曦其黨黃紹頗為泉州
刺史思安殺之迎王延政從子繼勳主軍府事會
南唐兵攻建州思安將兵救之戰不利城陷思安

歸泉州後南唐以為漳州刺史從願酖殺之自稱漳史刺史唐不能問因升泉州為清源軍以從効為節度使封晉王奄有泉漳之地

後周

顯德四年丁巳泉州刺史留從効請修貢於周附吳越以聞許之 吳越備史

五年戊午唐清源節度使兼中書令留從効遣牙將蔡仲贇衣商人服以絹表置革帶中間道稱藩於周 通鑑

六年乙未唐清源節度使留從効遣使入貢請置進奏院於京師直隸中朝詔不許
詔曰江南近服方務綏懷卿久奉金陵未可改圖若置邸上都與彼抗衡受而有之罪在於朕卿遠修職貢足表忠勤勉事舊君且宜如故則於卿篤始終之義於朕懷柔遠之宜惟乃通方諒達予意
論曰唐之末造爰及五代宋初中原喪亂閩王審知以開門節度保境安民傳國四世而清源軍節度使

留從效平海軍節度使陳洪進亦相繼割據泉漳奉表稱藩貢使截道備事大之禮求卧榻之安民生其間雖遭剝削之殃而非兵革之禍良由地非要衝而民性巽懦使然也

莆田縣志卷第二

通紀三

宋

建隆元年庚申太祖受周禪十二月留從効遣使奉
貢稱藩太祖厚賜以撫之宋史新編

建隆二年辛酉留居道以清源節度使判莆田縣事
始新縣署前志
居道從効族子是時南唐國未破政由留氏以招

討使判縣事實監以兵器為書建隆年以從効早
輸誠於宋也
建隆三年壬戌七月留從効卒子紹鎡掌留後陳洪
進誣為謀附錢氏執送江南推張漢思為留後已為
副使宋史新編
從効自五月疽發背至七月不愈內外音問不通
先鋒指揮使王忠名請入省疾而從効危篤乃以
闘踣之從効死張漢思立洪進副之令王忠名出

守漳州不聽又遣戍莆田亦不聽使衆擊之困未
幾死 吳越備史五國故事

乾德元年癸亥四月陳洪進幽其留後張漢思自稱
清源節度副使權知泉南等州事遣牙將魏仁濟間
道奉表於宋 九朝編年備要

漢思年老不能治軍務事皆决於副使 吳越備史作四門指
揮使漢思患其專設宴將害之俄而地震坐立者
不自持同謀者密告洪進洪進急走出甲士皆散

自是吏相為備一日洪進率子弟徑入帥署叱去直兵漢思坐內齋洪進抽大鎖合其戶使人叩而言曰軍吏以公耄荒請副使知留務眾情不可違漢思自門隙取印與之洪進遂名將吏曰留後授吾印蒞事送漢思外舍幽之遣使請命于南唐遂以為清源節度使漢思居數年以壽終五國故事　吳越備史　陸游南唐書

八月陳洪進遣使入貢獻郊祀禮物萬計續資治通鑑　宋史新編

十月魏仁濟以陳洪進表至京師自稱清源節度使歸命於朝帝遣通事舍人王班齎詔撫諭之 續資治通鑑

乾德二年甲子正月改清源軍為平海軍命陳洪進為節度使其子文顥為副使文灝為海州刺史 續資治通鑑

至是洪進始受命于朝矣國初寬大恩蔭二子並受方面而歲貢不絕厚斂於民又籍民資百萬以上者令入錢補協律郎而蠲其丁役子弟親戚交通賄賂二州之民苦之 五國故事 吳越備史

太平興國二年丁丑陳洪進入朝以具地來歸太宗
優詔嘉納之以洪進爲武寧軍節度同平章事留京
師奉朝請諸子皆授以近郡
初洪進用幕僚南安劉昌言表獻所管泉漳二州
歸於有司縣十四戶十五萬一千九百七十八口
三十一萬四千九百三十二兵一萬八千七百二
十七上嘉納之以洪進子文顥爲通州團練使仍
知泉州文顗爲徐州刺史仍知漳州書曰以地來

歸嘉順也

五月一日降德音門下朕纂紹基圖臨御區宇慶五兵之銷偃致四海之混同顧惟動植之間悉被生成之澤念清源之一境隔朝化以多年江山雖在於照臨黎庶未霑於恩惠節度使陳洪進素懷明略喜遇昌期偃戎節以來朝錄地圖而上進今者州塗無壅聲教大同宜覃寬宥之恩俾洽維新之化應泉漳等州管內州縣諸色罪人限德音到日並從釋放云云

於戲同文共軌荷宗社之殊休恤物愛民乃帝王之常道矧惟遠俗初被皇風用安歸嚮之心倍注撫柔之意降九天之雨露蘇比屋之生靈必令其萬戶千門永樂於輕徭薄賦凡爾衆庶當體朕懷主者施行

東都事畧　九國志　續通鑑長編　宋史新編

九朝編年備要

八月陳洪進入見於崇德殿賜錢千萬白金萬兩絹萬匹　續通鑑

太平興國三年戊寅以陳文顯知泉州留後詔起復

殿中丞裔惟岳為通判闕掌州事 續通鑑長編

曷為以通判掌州事監之也洪進獻地其餘黨尚

多疑其為亂故擇能臣監之

太平興國四年己卯游洋民林居裔作亂自稱西平

王詔近地調兵討之 續通鑑長編

維岳始至會仙遊莆田百丈草寇十餘萬將來攻

城〻中兵纔三千監軍何承矩王文寶欲屠城焚

庫而維岳抗議以為朝廷任綏遠之寄今惠澤未

布賊盜連結反欲屠城焚庫宜詒意哉承矩等因
堅守待援

湓江人陳應功自請任先鋒討賊戰死于桃華洞前志本傳

邑令黄禹錫邑人陳靖乞兵于轉運使馮翊漕使楊
克讓克讓率兵來救兵馬都監王繼昇邑人伍潤潛
兵二百夜襲居裔敗之續通鑑長編

先是居裔書勸禹錫為援禹錫叱之曰吾欲剸若
頭乃附若耶潛遣長子觀乞兵居裔聞之以計昇

禹錫與其次子置帳下語以乞兵欲殺之會觀兵
至惶恐未敢加兵力詘泥首請降械送闕誅之餘
黨悉平
三月詔泉州發兵護送陳洪進親屬赴闕續通鑑長編
洪進已納土而居裔為亂欲求撫以希榮也詔護
親屬赴闕以清其源處理當矣
太平興國五年庚辰析莆田永福福清地合游洋百
丈二鎮置興安縣建太平軍領之旋改為興化軍興

安縣改為興化縣

從漕使楊克讓之請也太宗閱輿圖以游洋地險欲

以德化之故名興化

太平興國六年辛巳以莆田縣隸興化軍 宋史

晉封陳洪進為杞國公 宋史

太平興國八年癸未以段鵬知興化軍移軍治於莆

田初築子城 前志

城周三百一十步拓土為垣覆以茅環居民以蔽

公廨段鵬週覽形勢以都巡檢廨為軍治今公廨里
建譙樓於軍治前以鳴鼓角遷都巡檢廨於子城
之西以便巡警建都監於軍治之東今莆田縣署以句
稽兵馬事屬草創雖勞民而不怨

四月詔除漳泉二州夫役錢

陳洪進之據泉漳也發兩州丁男為館夫給負擔
之役獻地後轉運使猶計傭收直凡為銅錢二千
一百五十貫鉄錢三萬一千五百三十貫民訴其

事詣除之上覽福建版籍謂宰相曰陳洪進只以漳泉二州贍數萬衆無名科斂民亦不堪比朝廷悉已蠲削煩苛税名吾民當亦小康矣朕亦不覺自喜宋史九朝編年備要續通鑑長編

雍熙三年丙戌陳洪進卒宋史新編

洪進據有泉漳二州由欺孤凌弱遞相攘奪而來非有戡亂之功受土列爵也其納土受吏以南唐已滅漳泉二州蕞爾之地不足以抗天朝順時歸

命知也陳氏仁錫謂宋人未有侵伐之心遽陳獻地之策律以春秋諸侯失地之例過矣書卒許其善終也削其宮貶之也

八月颶風拔木壞廨宇民舍千八百區詔賑之 前志

端拱二年己丑劉政震死胸有文曰大不孝 前志

林楷以大孝致甘露之祥劉震以大不孝受雷震之殛孰謂天道無知哉故書以示戒

淳化四年癸丑正月知軍馮亮獻瑞芝

書郡國獻瑞芝識之也

大中祥符元年戊申歲大稔米斗錢七分 宋史

大中祥符二年己酉敕建元妙觀

大中祥符四年辛亥七月詔除身丁錢

先是兩浙福建荆湖廣南諸州循偽制輸身丁錢

歲四十五萬四百貫民有子者或棄不養或賣爲

童僕或度爲釋老至是詔除之 續通鑑長編

乾興元年壬戌十月左諫議大夫集賢院學士知泉

州陳靖以秘書監致仕以知邵武軍江拯知興化軍
續通鑑長編

靖勸陳洪進納土忠所事也致仕具書其官美之
也靖善丁謂謂踏黨人皆逐御史王耿乃言靖老
無政事不宜反爲鄉里官罷之宜也

天聖三年乙丑六月福建提點刑獄勸農使侍御史
王耿追奪一官降知興化軍續通鑑長編

慶歷三年癸未秋旱前志

慶曆四年甲申蔡襄疏請復五塘　蔡君謨文集

因旱而修水利要政也五塘者曰勝壽曰西衡口

太和曰屯前曰東塘

慶曆八年戊子冬春不雨巫家陳法通禱不應投潭

死　游洋志

皇祐三年辛卯十一月同平章事龐籍奏減興化軍

主客戶丁米

諭曰漳泉州興化軍自偽命以來計丁出米甚重

或貧不能輸賦甚憫之自今令泉州興化軍舊納七斗五升者主戶與減二斗五升客戶減五斗八升八合為定制初龐籍為福建轉運使請罷漳泉興化丁米有司持不可于是籍為宰相遂行之宋史續通鑑長編

莆自偽閩以來析疆分治遂升列郡供億煩苛疲獘益甚有司以常例度支不欲省罷反誇示富庶挹注鄰封龐籍在閩深悉利獘及其為相毅然奏

除陳洪進等地下抱愧多矣傳曰仁人之言其利
溥哉故書以美之按前志作四年事就奉到詔書日言之今從宋史續通鑑長編改
至和二年乙未四月以韓絳蔡襄議罷諸路里正衙
前續通鑑長編
先是韓琦知并州日奏言州縣生民之苦無重於
里正衙前自兵興以來殘剝尤甚至有孀母改嫁
親戚分居或棄田與人以免上等或非命求死以
就單丁規圖百端苟脫溝壑之患殊可痛傷自今

差里正衙前今於一縣諸鄉中第一等選一戶物力最高者為之於是下京畿河北河東陝西京西轉運使相度利害皆謂如琦所議使又知制誥韓絳言昔嘗安撫江南東西路見兩路衙前應役不均請行鄉戶五則之法又知制誥蔡襄言臣嘗為福建轉運使見一縣之中所差里正衙前有三四年或五七年輪一次者一百貫至十貫皆入十分重難請止以產錢多少定有所入重難之等乃命

絳襄與三司副使判官置司同定奪遣都官員外郎吳幾復往江東殿中丞蔡稟往江西與本路長吏轉運使相度因請行五則法更看淮南兩浙荆湖福建之法下三司頒行之其法雖逐路小有不同然大率得免里正衙前之役民甚便之續通鑑長編

案民之所苦莫甚於賦役不均而官吏所以擾民莫甚於苛求無度宋太宗立九等差役法所以救兩稅之窮及承平既久姦僞滋生而里正衙前主

運官物富戶賠償折耗至於破産韓琦請更其法
縣擇一戶一戶獨何辜韓絳蔡襄議視資產多寡
差排鄉戶分為五則定役輕重所謂害從其輕也
諸賢同心輔治國家亦寬厚愛民不可謂非明良
之會矣

嘉祐□年知軍劉鍔創太平陂于興教里尖山後引
水過山以溉吳塘之田民立祠祀之
案前志不載創陂之年以職官志考之前乎鍔者

為夏侯錫以嘉祐元年任後于錫者為徐師閔以
嘉祐四年任則錫之為陂必在二年三年之間附
錄備考
嘉祐三年戊戌蔡襄奏沿海州軍置舟船敎習以備
水戰朝議從之
襄言福興漳泉邊海其地檢下士兵多不習舟船
緩急不足使令除已行逐處修整般魚船各取現
管數目編籍外舊所無處仍置五六隻其兵級常

令教習舟船諳習水勢以備差使　霞浦縣志

治平元年甲辰長樂錢氏女四娘來築木蘭陂于將軍巖前今西許地方　陂成爲水所壞錢氏憤痛投水死　木蘭陂志　既而進士林從世携十萬緡來築陂于溫泉口今馮公湜附近　陂成水更湍急而決　木蘭陂志

治平四年丁未興化軍地震　續通志

熙寧八年乙卯候官李長者宏應詔至邑修木蘭陂定基于木蘭山之下木蘭陂志

自錢氏始創陂至是凡十二年天子憂民乃降詔
募能修陂者於是侯官李長者宏應詔至宏兄弟
五人居長輕財好施時年方三十二歲及陂成卒
年四十二歲無子以弟容子為後朝旨追封為順
濟侯

莆自吳長官興築延壽陂北洋始有田可耕李長
者宏築木蘭陂而南洋始有田可耕皆有闢物成
務之功顧長官事不書者何以年月無可考非略

之也吳氏族譜長官隨光祿來閩在王審知時而志稱在建中年又相傳在神龍年相去數十年長者事則年月均正確吳錢林二氏開其先長者總其成大書特書所以美之也

熙寧九年丙辰徐鐸進士殿試第一薛奕武科進士第一

宋世狀元多為名相鐸官吏部尚書附和蔡京有愧科目多矣奕死銀川寨之役志節凜然前志為奕立傳而削去鐸傳貶之也

熙寧十年丁巳興化軍饑

詔以福州常平司檢校崇勝院糧三萬八千餘石

賑濟漳泉興化軍飢民三月詔福泉州興化軍諸

縣第四等以下災傷五分以上戶去秋科役錢并

放 續宋史長編

元祐五年庚午颶風大作海居之民飄蕩無數 續通鑑長編

崇寧元年壬午興化軍旱 續通鑑長編

大觀二年戊子蔡京發民夫鑿新塘方軫上封事劾

之旋龍 莆陽文獻

京拜太師時術士言興化公之鄉里若波水貫之則旺氣愈壯京用其言鑿壺公下新塘為䠶所劾然鑿渠美事也莆水利不及安樂里即無古識渠亦當開京他事不足道此則有益於鄉里故曰惡而知其美天下鮮矣

大觀三年己丑大旱自六月至十月不雨 莆志

大觀四年庚寅十月十二日雪山盡白荔支凍死 莆志

政和四年甲午六月詔福建廣南路更不行使當十錢九朝編年備要

錢輕則物貴或曰蔡京私其鄉故不行

宣和九年己亥八月十三日頒御書神霄碑立於元妙觀

宣和二年庚子妖賊作亂揚言將攻取七閩部使者飛檄使民虛其室以避已而賊就擒

虛室以避清野也時承平已久人不知兵使者宣

言謂賊風帆倍風可至故令民虛室避之畏之甚
也時居民惶駭扶老携幼奔竄山谷攀援蹂踐至
有踣者群不逞之徒相與睥睨之民未被外寇之
禍先受内賊之患無備之害也案包杜祥應記云
民或先禱于神賜之吉卜其無害未幾賊果就擒

權知興化軍鄭汝賢修國清塘 前志

宣和三年以承議郎張樸知興化軍改築軍城 前志

至是築城始有備矣書其官予之也

論曰北宋一百六十餘年莆之大興作可書者三曰築太和陂曰築木蘭陂曰改築軍城善政之可書者四曰除夫役錢曰除身丁錢曰減主客户丁米曰罷里正衙前制皆治世規模而賢士大夫相與成之可垂範百世也大戴禮曰善政則民悅王安石變法蔡京紹述善政可紀者甚少其在莆雖以京之奸然留意水利不行當十錢固未嘗得罪於鄉里也若蔡襄則加惠鄉里非止一二事矣君子之澤豈直五世而已哉

南宋

建炎元年丁未郡卒謀不軌朝奉大夫知軍事張讀勒其渠魁斬之事平 前志

讀晉安人以儒雅飾吏事應變有方時金人南侵朝命隔絶士卒驕縱九月建州軍校以求代不得殺福建轉運使毛奎判官曾仔執守臣張勤莆之士卒一日羅列庭下請額外錢謀為變讀斬其渠魁一郡肅然書其官予其善應變也

葉兆將平謀不軌倚龍坡神祠屢卜屢卻先挺攘臂而
出若社怍然俄就擒戮叙事與前志異錄之備考

建炎二年戊申粘罕犯順李富輸家財率義兵隸韓
世忠麾下授承信郎不就宣諭使張淵聞富材畧辟
充殿前統制司幹官卻之

富一布衣耳以匹夫毀家紓難不受官祿真當世
豪傑也

六月建州叛卒葉儂入福州謀渡大義而南諸州兵
未集郡邑震駭既而儂返建州

建炎三年己酉十二月上次明州召集海舟監察御
史林之平募船千隻患至帝甚嘉之中興小紀
之平莆田人先是仲春帝遣之平在福州募船至
是畢至
建炎四年庚戌楊偯領西兵叛由漳泉壓境所在焚
剽軍士方廸等堅守賊衆潰
時守兵以衆寡不敵莫有鬪志方廸等聞空中有
聲曰汝速進顯惠侯兵來矣於是我師堅守卒平

冦亂書廸名嘉其善用權也 祥應廟記顯惠侯永宣和四年所賜神號

紹興二年壬子春邑大饑斗米千錢令守臣移廣粟以賑

紹興四年甲寅春夏不雨龍潭中忽有龍見雷雨隨至歲大熟

紹興七年丁巳秋試揭榜譙樓有紫光亘天

紹興八年戊午黃公度試進士第一陳俊卿第二人龔茂良擢第十四人 前志是科免殿試

公度忤秦檜而外遷後卿茂良皆以名相望是榜

可謂得人矣

高宗御書登瀛閣三字賜公度

紹興九年己未五月五日甘露降于壺公深濆村孝子郭義重廬墓庭芝草生花蓋烏鵲馴集其上 前志

書月日明其事之真確也孝子仁之至故天地草木鳥獸皆萃其祥書以美之

紹興十年庚申閏六月竄趙鼎于興化軍 通鑑綱目

秦檜惡鼎居越偪已徙知泉州又諷司諫謝祖信論鼎嘗受張邦昌偽命遂奪節提舉洞霄宮鼎自泉州遂復上書言時政檜忌其復用又諷中丞王次翁論其乾沒都督府錢七萬緡謫居興化軍論者猶不已旋謫潮州安置

紹興十二年壬戌詔旌孝子郭義重家徭役 前志

紹興十三年癸亥興化軍大水民以災傷訴者一日數萬戶莆田縣高維正閉縣門不受理蹂躪死者甚

眾何以書以獵剝末之害也高維正閑門不理庋
之失當矣書以賊之
紹興十五年乙丑二月詔就邑藏書家方氏抄錄善
本 中興繫年要錄
兵部郎中葉庭珪言陛下比者文德然芸省書籍
未富竊嘗見閩中不經殘破之郡士大夫藏書之
家宛如平時如興化之方臨漳之吳所藏尤富悉
是善本望下逐州搜訪抄錄詔從之

左朝奉大夫知興化軍汪待舉奏免漁庵埔草等稅

上可其奏

待舉以十四年知至是條具便民事蠲諸邑漁人所輸庵稅及埔生之草儘民採取毋令出錢詔從之　中興繫年要錄

山澤自然之利本為國家所有然海濱之民舍是無以為生從而稅之苛細已甚汪守可謂愛民矣

紹興十七年丁卯十一月以泉州觀察使知南　宗

正事皇叔趙士培為平海軍承宣使 中興繫年要錄

紹興十九年己巳布衣鄭樵上所著書詔藏秘府

宋之南渡雖干戈擾攘中不廢文學葉庭珪請抄

方氏藏書樵上其所著書皆盛事也特書美之

教授徐士龍重建軍學為東廟西學之制人設縣學

於郡學之東

紹興二十年庚午春郡廳有五色雀集于榕木上芝

產後圃芝秀兩岐知軍事陸渙扁其堂曰三瑞

渙政績不見於前志何以書以記為林光朝作也
郡國之瑞不以上奏而以名堂渙得政之體矣
林光朝記云夏四月芝復生于飛鶴臺之東南如
嬰兒拳五其色初如金金四日如凝脂又如渥丹
後變如紫暈金又變中黃色太守為壇聚黃冠祝
之三日觀者如堵遂以名亭

紹興二十一年辛未朱熹為同安主簿過莆

君子所過者化況文公閩之大賢所至人重之後
朱子應福公陳俊卿之聘講學於莆三年莆有洛
學正傳自熹始故特書之

紹興二十七年丁丑夾漈溪一夕白氣屬天久而不
滅布衣鄭樵以遺逸名

以侍講王綸賀允中之薦也明年上殿奏授樞密
院檢討不拜而歸書以遺逸名志曠典也

紹興二十九年己卯江口海寇猖獗

紹興三十年庚辰令安撫司籍福興泉水手萬四千
人仍於瀕海巡檢司下土兵內取七分識水勢者每
日一出近海口教閱三五日後回

隆興元年癸未大旱

隆興二年甲申地震民艱食詔使臣及常平使者賑之

知興化軍張允蹈請蠲猶剩米詔減其半

先是延建邵汀山寇起轉運使措餉失辦暫移本軍米二萬五百石輸之會城以給軍興已而遂成故事名猶剩米民不勝其病至是允蹈以民饑狀于朝詔減其半

乾道二年丙戌知興化軍鍾離松請免猶剩米詔除之

何謂猶剩未言餘粮也以兩守之賢先後論奏始
得豁免則如龔政之成為故事者多矣鍾離松曰
譬之負擔稍減重任猶未息肩如修塗何可謂善
體民隱矣書之所以著兩守之賢也
鍾離松奏云臣初到官徧問民間疾苦其間有出
一時之權宜而為斯民之深害者不敢不為陛下
言之興化本泉州莆田一縣自太平興國中析而
為軍瀕海倚山地狹而瘠封圻所至東西二百一

十里南北一百四十五里歲入苗稅以斛計之總六萬斛有奇而官租居十七八官一畝所收僅及一石而輸租重者至七斗比之他郡最為偏重豐年輸納已自費力一有水旱往往破產以了官租前者官中用度有常每遇旱傷之年即與蠲減以故莆人猶未甚病至建炎三年寇賊竊發建汀部莽為盜區朝廷遣兵收捕本路轉運司輒移司福州就近於興化取撥見存苗米二萬五百石以應

軍期是時事出權宜至此遂為定例漕司謂之湭
剩米每歲責令輸納福州本軍緣此用度大窘四
十年間每有水旱官司不復按損紹興十三年以
災傷訴於官者無慮數萬戶莆田知縣高維正竪
閉縣門不為受理蹂躪而死者甚衆維正竟以罪
去隆興二年歲復大荒朝廷委監司差官體量放
及五分次年軍儲不繼無以支梧前守臣張允蹈
遂具猶剩米利害告於朝仰蒙聖慈特蠲其半遂

人歡呼鼓舞去年旱荒尤甚民間所收十纔一二
其間有絶粒者漕司復下本年從實減免通及五
分今則軍儲僅可支到六月未有顆粒可以指準
接續本軍舊例可以得建寧府衣絹三千五百匹
撫州紬三千三百八十匹綿四千兩今建寧府歲
僅支到絹一二百匹撫州無復尺寸而本軍增置
官兵請給數倍曩昔常賦之外別無羡餘可以支
遣若今依舊以一半糴剩米輸之福州則無復可

為水旱之備向後民間或有歉訴官司決不敢從

貸蠲減一方之民受苦無時休息極為可憫本軍

元受官租賦稅久苦偏重而海濱斥鹵亢旱之年

十常八九若一一為之減放則軍儲闕乏束手無

計若坐視不卹則民力凋瘵狼狽日深臣竊謂一

州一郡自有一州一郡之財賦設或不免通融支

撥當裒多以益寡未聞裒寡以益多也當損有餘

以補不足也興化歲入比之福州纔及十分之二

宣應翻令小壘裨助大藩止緣一時倉卒就近應急事平之後不早釐正則至於此臣區區昧死以請但乞各復其舊以備非常無損於大農無侵於常賦伏望聖慈矜此一方生靈受弊歲久將今後所輸福州一半猶剩米出自聖斷盡行蠲除以寬民力云云

拜陳俊卿知樞密院事尋拜參知政事 宋史本傳

乾道四年戊子六月 召興化軍布衣林彖赴行在 宋史新編

乾道五年己丑閏六月己巳夜風雨暴作漂廬舍民有溺死者

進士鄭僑廷試第一

乾道六年庚寅陳俊卿以議遣使不合罷爲觀文殿大學士知福州宋史孝宗本紀

乾道七年辛卯知興化軍何偁創貢院于使者行部之舍

乾道八年壬辰詔福建鹽行鈔法知福州陳俊卿移

書宰相謂福建行鹽止上四州民貧不便續宋編年通鑑

淳熙元年甲午拜龔茂良參知政事宋史孝宗本紀

淳熙二年乙未知興化軍姚康朝因行舍舊址廓為

貢院

紹興間以軍署狹隘不足容秀士借廣化寺為貢院至是始別建時應舉者六千餘人陳俊卿興化貢院記

淳熙四年丁酉知福州陳俊卿乞宮觀使不允續通鑑

上知俊卿留意職事治狀著聞詔令學士院不允

具請

郡學災

淳熙五年戊戌興化軍大水 宋史新編

知興化軍汪作礪重修郡學兩講堂曰道化

集賢殿修撰知婺州提舉江州興國宮林光朝卒予

謚文節

光朝闢閩南理學之宗專重力行不務著書而知

兵直諫異於儒生迂腐之學蓋當代純儒也故於

其卒也備書其官

淳熙九年壬寅知興化軍林元仲立林光朝祠堂

先是光朝在城南講學郡人思之至是郡守爲立

祠於四覽亭隙地在今篠塘

淳熙十年癸卯朱熹至莆講學

是時陳俊卿致仕在籍朱子應其聘主講于東門

外莆士從之者有陳守陳定陳宓陳宇陳址陳均

鄭可學方大壯方符方來方禾方士繇等十餘人

黄士毅自吳中來師事朱子莆之理學自是薪傳
不絶故特書之
淳熙十三年丙午地大震壺公山大石崩聲數里前志
致仕少師魏國公陳俊卿卒
俊卿佐孝宗與張浚圖恢復其志甚鋭而湯思退
以和議撓之浚因求去及虞允文相屢請進兵俊
卿不之從者豈前後異致哉欲俟時而動計出萬
全耳而俊卿坐是求去允文亦不能成功天也然

其勸止親賢遠佞正色立朝可謂中興名相矣故
於其卒也特書其爵

淳熙十四年丁未興化軍旱
郡守禱雨靈顯祠雨三日不休

紹熙二年辛亥知興化軍趙彥勵於郡學中建忠恕
堂為齋凡十

紹熙三年壬子知興化軍趙彥勵修成莆陽志十五
卷梓版以行

紹熙四年癸丑旱縣令詹卓然祈雨于龍潭潭中龍
見雷雨隨作

七月海風害稼

慶元元年乙卯拜鄭僑參知政事二年進知樞密院事

慶元六年庚申郡市大大

開禧元年乙丑春旱種不入土至夏權知軍賀次寧
禱雨有應 游洋志

開禧三年丁卯大旱興化縣訓導葉澄禱雨有應感

大熟 游洋志

嘉定元年戊辰旱興化縣尉朱子昌主簿陳裔禱雨有應 游洋志

嘉定二年己巳罷漳泉興化軍賣廢寺田 宋史全文

先是紹興二十二年三月詔籍福建路寺觀絕産田宅入官歲入三十四萬緡以充實至是罷之 繫年要録

嘉定十六年癸未秋大水壞禾稼 前志

嘉定十七年甲申詔賑水災 前志

紹定元年戊子興化軍城傾時汀州盗起邑人陳宓倡議更築

紹定三年庚寅趙汝固陳請牒五千助築軍城未幾趙去任曾用虎繼成之 劉克莊記

紹定六年癸巳知軍用虎作平糴倉成 劉克莊記

用虎晉江人治興化惠政甚多修城築倉皆當務之亟也

端平元年甲午六月知建寧府兼福建運判奏蠲漳州歲納丁米錢泉州興化軍一體蠲放從之宋史全文

端平二年乙未進士吳叔告廷試第一

淳祐三年癸卯令福建安撫使司照沿海例團結福泉興化民船以備分番更戍續通志從帥臣項寅孫請也癸亥以寅孫言并福州延祥荻蘆二寨置武濟水軍摘本廂禁軍習水者補充凡一千五百人

淳祐四年甲辰郡大疫 前志

淳祐六年丙午教授朱桼修郡學忠恕堂建尊經閣於其上

淳祐八年戊申以直秘閣汪元春知興化軍旋以事去

淳祐十一年辛亥知興化軍楊林同涵江鎮官鄭雄飛立夫子廟

先是朱熹過莆嘗訪孔仲良子孫驗其誥勅俱存為請郡據立孔宜戶置祭田至是始立夫子廟御

書涵江書院四大字以表其里

景定元年庚申正月林希逸言莆陽布衣林亦之陳藻有道之士林公遇幼承父澤奉母不仕詔贈亦之藻迪功郎遇進贈一官 宋史新編

景定五年甲子海寇林長五猖獗

咸淳二年丙寅江元春知興化軍卒郡人立廟祀之 通志

元春以宗正博士再知其妻子不入宮邸例錢不受每蔬食一盂事至面問而立決之起廢甫二月

而卒郡人思之

咸淳四年戊辰進士陳文龍殿試第一

德祐元年拜陳文龍同知樞密院事參知政事宋史新編

時朝議降元文龍辭歸奉母不報文龍歸閩

景炎元年丙子益王登極於福州以陳文龍參知政事宋史新編

八月漳州亂命陳文龍為閩廣宣撫使宋史新編

九月興化石手軍亂命陳文龍討平之

方廣翁建行宮備帝南巡帝航海至山柄遂與陸秀

夫駐蹕壺山白雲院聞蒲壽庚叛帝遂南行

文天祥移屯漳州過莆訪學士鄭頤吉出山鄭無意

世務文天祥遂去

十月知福州府王剛中降元使徇興化軍陳文龍斬之

十一月陳文龍敗元兵于囊山下

十二月元兵臨興化軍通判曹澄孫降元詭云太后

有詔文龍出迎被執械送福州

景炎二年丁丑三月元唆都勸陳文龍降文龍械送

杭州

四月二十五日陳文龍在杭太學慟哭而卒宋史本傳

□月陳瓚復興化軍斬守相林華致祭陳文龍詔加

瓚兵部侍郎命以興化軍通判權知軍事宋史

七月張世傑兵圍泉州陳瓚起家丁及義兵五百人

應世傑

十月元兵陷兵部侍郎權知興化軍通判陳瓚死尸

部尚書兼福建制置司參謀官卓得慶被執與二子俱死之宋史忠義傳

元唆都率兵攻興化蟻附登城瓚力不能支率家僮及丁壯五百人巷戰元兵死者千餘瓚被執唆都欲降之瓚罵不屈唆都怒車裂於五門以徇得慶方與家人訣甲士至執得慶并二子規擁殺之俱書其宮深予之也

元兵屠興化城三時血流有聲前志

唆都下令屠城烏古孫澤說都開南門縱民奔泉州以動搖張世傑兵唆都從之城民獲脫甚衆

論曰宋之南也國勢削弱而文治大興黄公度吳叔告陳文龍皆登巍科陳俊卿龔茂良鄭僑並列公輔此名位之榮耳至林光朝以講學倡南中鄭樵以著書入秘府布衣養望名重朝端而朱文公陳宓述伊洛之學薪傳流衍遂使海濱片壤與鄒魯並稱及其季也胡馬南來中原席捲陳忠肅忠武二公猶欲以

興化一隅存宋天下伸儒者之氣節復民族之深仇志貫虹霓道光日月於乎豈非千古不磨之盛烈哉

元

至元十四年丁丑改興化軍為興化路領縣仍舊通志

案至元十四年即景炎二年是時陳文龍留守興化次年陳瓚復興化軍十一月興化城破改稱為路係至元十六年也

至元十九年壬午三月興化路連日雨雹元史五行志

至元二十六年己丑仙遊朱三十五集眾冠青山萬
戶李綱率兵討平之　元通鑑
至元二十八年辛卯秋風濤為害海隄掃地軍稼民
食八萬石胥失　余謙一復南洋海隄記
大德四年庚子春耕不雨行省右丞札剌立丁持節
過莆議捐俸修廟學大雨隨至文學椽莊郛立鐫右
丞雨三字于烏石山以誌皇慶二年癸丑遷興化縣
治于廣業里湘溪

是為新興化縣因稱游洋為舊縣 前志

延祐元年甲寅北洋旱田禾槁 前志

至順二年辛未徙建莆田縣學於薛公池上同知康大悲奴築杏壇於敬義堂 前志

元統元年癸酉夏雷田交作經日乃止害禾稼 前志

至正四年甲申旱冬郡中大饑令民入粟補官以備賑濟

至正八年學錄黃烈大修興化廟學

至正十二年壬辰修築城垣起墳石無數郡民洪希文訟之

官吏借修城垣摟括民財大半皆入吏橐乃起墳石以湊之故家子弟歔欷莫敢籲訴時將西山十八丈夫墳西畔洪國諭墳開穴見棺希文抗詞哭于公庭郡守爲榜群吏并增修其墓 續軒渠集

五月仙游亂兵陳君信犯興化路經歷高本祖率兵討之信遁去 元通鑑

至正十三年癸巳福安羅源諸縣奸民林君祥等作亂圍泉州泉州市舶司項棣孫率興泉二路民兵赴援初渡江盜遁去 宋學士集

至正十四年甲午九月贛泉賊入境殘破光化寺 續軒渠志

同知官保重修路城 府志

至正十五年乙未命正宗王札牙失里守禦興化 元順帝紀

至正十八年戊戌八月廉訪僉事般若帖木兒勸浙江行省平章三旦八拘之興化路 通鑑後編

三旦八奉命討饒州貪財玩寇久而無功遂妄構
還職福建行省至日為般若帖木兒所惡劾而拘
之時以興化路為行省故也
至正十九年己亥泉州萬戶阿里迷丁率兵犯路城
尋奔回
十月壬申興化路地震有聲如雷 元史五行志
連日雨霾 同上
興化推官林得隆以兵逐判官柳伯祥走之

十二月同知陳從仁與分省右丞答思丁殺林德隆
德隆之子珙奔福州瑛奔泉州
至正二十一年辛丑四月答思丁殺陳從仁
七日柳伯順犯路城
八月阿迷里丁遣其黨扶信來攻克之柳伯順遁去
至正二十二年壬寅二月林珙為本路總管
阿巫那以番人主市舶於泉州殺阿里迷丁將窮
治其黨扶信懼禍及林珙與之俱奔福州賽甫丁

令珙還興化路仍以總督處之

三月柳伯順犯興化縣進攻路城林珙率兵拒之伯順大敗而退

六月柳伯順復攻路城不克

至正二十三年癸丑夏秋不雨禾盡枯分省鄭旼率僚屬於七月三日設壇禱雨越三日大雨士民勒名右丞雨於烏石山以誌鄭旼建寧人也莆志

至正二十四年甲寅正月博拜大淵等犯本路尋退

師還泉州

四月福建行省左丞觀孫奉詔分省興泉路駐路城

至正二十五年乙巳福建行省左丞帖木兒不花分

省本路阿巫那仍不受命冬十一月阿巫那遣哈散

黃希喜等率兵入本路

至正二十六年丙午正月博拜金阿里等犯興化仙

游二縣

博拜等率兵擊林瑛及珙於吳山瑛敗溺死珙遁

去柳伯順入路城據之未幾柳伯順林珙遣兵襲
本路執哈散殺之黄希喜遁去博拜等遂泉州
四月福建行省参政陳有定率民討番冦至本路擒
博拜等誅之
博拜等攻興化寧真門有定遣令子宗海先領兵
夜入城明日開西南二門縱兵而出宗海領兵直
搗伊巴爾希大敗之擒博拜等殺之有定撫集軍
民柳伯順陳同林珙皆受有定約束有定命宗海

督伯順同等兵合珙水軍并攻泉州五月克之擒阿巫那泉興二郡悉平 元史陳有定傳

十月興化地震如雷 丙丁龜鑑續錄

論曰元人以異族入主中夏兵力之盛席捲歐亞二州吾莆陳忠肅忠武二公先後嬰城固守欲以一州全宋祀及其敗也子孫郤元徵詔無有仕者莆人終元世之世仕宦者寥寥蓋正義所感也元祚將終擁兵柄者爭城奪地皆為元人陳有定據有八州為元

死守而參政袁仁已納款於明湯和遣人招諭與化於是閩南數州傳檄而定蓋種族之界既分而順逆之理遂定不戰而屈人之兵此類是也

莆田縣志卷二

五一

莆田縣志卷第三上

通紀四

明

洪武元年戊申正月湯和舟師取福州袁仁納欵以仁爲宣慰使遣閔珠至本路招諭元帥王思義守將葉萬户興府判徐昇經歷鄭元明等殺閔珠棄城走泉州耆民李子成等率衆至福州納欵湯和遣都指揮俞良輔來守於是莆田等十三縣皆降明史紀事本末

詔設興化衛

洪武二年己酉改興化路為興化府

洪武三年庚戌興化衛指揮李春改莆田縣署為府署以指揮廣節營為縣署前志

六月六日倭寇福建濱海州縣故設衛以防之明史太祖本紀

知府蔡天麟改軍學化堂曰明倫堂前志

洪武五年壬子詔瀕海九衛造海船六百六十艘造多櫓快船以備倭寇明史太祖本紀

時興化已設衛命造海船所以防海也未雨綢繆
開國時規模矣
洪武九年丙辰詔免田租 前志
洪武十一年戊午六月十五夜雷雨隱々有聲後塘
洪井魚化為龍旦視屋下水痕幾及尺 前志
洪武十二年己未指揮程昇奏請闢郡城許之 前志
昇以增設軍士舊城隘難容乃起舊壕跨烏石山
東下歷前埭後埭興舊城合延袤十一里週二千

八百三十丈為四門東西仍舊名南改迎仙門北
新開門名拱辰門城外壕池起西庚折而南引壽
溪水注之右起下磨引玉澗水注之二水交合於
東城長一千七百七十丈西北跨梅峯烏石二山
鑿為旱壕長五百九十三丈
洪武十七年甲子命江夏侯周德興築海上城置巡
司按籍練兵戍衛所 國朝文錄
知興化府李春卒 前志

春在任有惠政卒於官民請衣冠葬於篠塘山書
卒志民思也
洪武二十年丁卯四月命周德興至福建濱海四郡
相視形勝衛所城不當要害者移置之民戶丁三取
一以充戍卒乃築城一十六增巡檢司四十五卒萬
五千餘人分隸諸衛 明史紀事本末
築城備倭善策也德興創立平海衛於是莆有兩
衛所矣指揮呂謙平海城周八百六丈七尺莆禧

城周五百九十丈其餘江口寨青山寨天馬寨東華寨寧海寨三江口寨同時並建撤東角隄石為之自是終明之世海水常為患而中葉之後倭患仍熾德興可謂不慎謀始矣

洪武二十三年庚午詔衛所每户置船三艘巡海上

盜賊 明史

洪武二十七年甲戌興化衛吏何得時父喪不丁憂奉旨凌遲處死都察院出榜文示衆 鳳州筆紀續集

建文二年庚辰七月莆木蘭陂驗蓋引所

建文四年壬辰六月户部給事中陳繼之殉革除之難　明史本傳

十一月蘇州知府陳彥回殉革除之難　明史本傳

燕王靖難明室家庭之變耳非有易姓鼎革之事也而繼之彥回二人忠於所事先後殉難豈非忠孝成哉莆人稱為二烈可以千古矣

永樂二年甲申以户部范人才督理軍屯

時廷議以海宇清寧邊塵無警宜遣兵屯以靖地
方以簡軍需有司分所蠲田以給
永樂四年丙戌林環廷試第一
永樂八年庚寅十月十六日倭船二十三艘載寇二
千餘人由平海艤岸衛指揮同知王識率軍闢平海
東門奮擊寇奔潰遁去
倭自元師挫敗以後輕視中國明太祖開國之初
多方設備可謂深慮遠圖矣惜中葉之後軍備不

燬郡城失陷豈劫料所及哉書之以爲履霜堅冰之戒

永樂十四年丙申大饑

永樂二十年壬寅方孝孺方志道方洲來居涵江方孝孺於是有後矣特書來居美之也

宣德七年壬子僉事粵穆命縣丞葉叔重修廟學

宣德八年癸丑御史楊政募衆修成廟學

正統七年壬戌知縣劉玭作南安陂

正統九年甲子遷南日水寨於內地
南日水寨本設南日山下北可以遏南茭湖井之
衝南可以阻湄洲岱隊之阨戶部侍郎焦宏遠奏
移水寨於吉了地方仍以南日為名舊南日棄而
不守遠使番船北向泊以寄潮是又失一險也莆
之武備自是疏懈矣
正統十三年戊辰廢興化縣
先是縣人貢生何誠任鳳陽府虹縣知縣奏省興

化縣以蘇民困事未舉行至是歲貢生蕭敏爲神

武衛經歷復以地狹役重疏請裁革乃析長樂武

化二鄉六里入莆田爲廣業里餘六里入仙遊爲

興泰里

景泰二年辛未柯潛殿試第一

春夏大旱斗米二百錢

景泰三年壬申詔賑福建災十一月蠲福興二府稅粮十之三

鎮守尚書薛希璉言南日山等五處俱係要地將出

海官軍分三五寨哨捕沿海衛所鎮戍之設漸加密爲此海防要政也希建所奏計畫最周後戚繼光亦以復五寨哨捕爲請爲政者率而行之何至郡城失陷哉

景泰四年癸酉鄉試中式四十四名占閩省解額之半

景泰八年丁丑夏旱民艱粮食是歲英宗復辟改元天順

天順二年戊寅通判方逵募修使華陂

陂創自何代無考永樂時通判董彬修年月未詳

至是重修
天順三年己卯城北依山諸村落有虎患傷人畜以
數百計山中數月行人絕跡雖白晝亦必持杖群行
成化元年乙酉起前文淵大學士岳正為修撰出知
興化府
正漷縣人正統戊辰進士第三人拜文淵閣大學
士為石亨曹欽所忌謫戍憲宗立起復翰林院修
撰出如興化府視事宏濶不拘文法始至百廢俱

舉從邑人彭韶請正鄉賢祀位復朱文公祠修聖
廟祭器造江口橋梁興水利治績斐然具書其官
美之也

提督僉事游明創建平海衛學
以舊指揮僉事姜銘安廨舍遺址改建平海於是
有廟學與海濱文物自是稱盛

成化二年丙戌七月普免天下軍衛屯粮十之三
莆兩衛屯軍受惠最多

成化三年丁亥知府岳正疏小西湖築上中下三堰
莆田多良守岳正莆之文翁也疏鑿小西湖折湖
岸民居以廣之民多謗言巡海參政陳蕙狀列正
事將案之彭韶力白其誣事始寢正遂乞歸孟子
曰為政不難不得罪於巨室信哉正去後六年莆
民立祠祀之亦足見公論之在人心矣

成化八年壬辰虎患又作
知府潘琴禱於城隍廟募人捕之患乃絶 前志

成化十二年丙申夏秋大旱原田皆坼晚禾不成興
化府陳免以聞免今年税糧什之三
邑人宋叔昭疏近衛生員附平海衛學從之
成化十五年己亥虫食禾
斗米百錢境無可糴者書之志異也
成化十九年癸亥夏海風作海溢
田禾淹死斗米百餘錢書之志石隄之害也
成化二十一年乙巳春夏雨不止壞田廬殺禾稼通

判周正以聞不報

六月己卯地震有聲 前志

九月丙寅地又震

成化二十三年丁未二麥失收秋無禾知興化府陳

鏞以聞其年稅糧奏准折免

冬潮州人載穀糶販舳艫相接民食賴以濟

弘治四年辛亥正月知興化府王弼奏准照舊編僉

驛傳事

弘治六年癸丑海風大作海船入平田官爲鑿渠出之秋沿里無禾

莆至是兩遭海患矣書之所責周德興也

弘治八年乙卯九月八日巳時地大震

弘治九年丙辰僧鳥七三作亂仙遊縣義民魏昇擊斬之

弘治十年丁巳七月十二日自未至酉大風撼擂雷雨晦冥屋上磚瓦皆隨風飛舞屋下人無竄伏處山

中合抱大樹皆折斷

弘治十一年戊午四月大水

自初二日至初五日大雨不止近處水深及丈漂
流人畜平地水沒腦人家墻屋皆應時而倒有豹
乘水掛龜塘樹上為人所獲

五月十八日大雨復作

寧海橋近北兩門折斷其下滙為深淵前數日居
民聞橋喤々有聲至是折斷

弘治十一年戊午十月二十四日知興化府王獬卒于任

民請其衣冠葬于筱塘與李守聯封書卒于任志忠于民事也

弘治十二年己未夏秋冬三時不雨民無水可汲南北洋爭水有操戈相殺者

時惡少欲為變太守陳效申請嚴治之多方營辨賑濟以安人心御史胡華奏免全稅糧

弘治十三年庚申春疫知興化府陳效施葯濟之。
弘治十四年辛酉正月二十八日酉時地震踰時乃
正　明史五行志
二月初二日地又震　明史五行志
九月福興泉三府同日地震　明史五行志
冬隆寒氷結厚寸半許荔枝凍枯　莆志
弘治十五年壬戌三月知興化府陳效聘邑人周瑛
黃仲昭修興化府志

開局于南山廣化寺逾年志成爲卷五十四

弘治十八年乙丑五月除弘治十六年以前逋賦前志

正德元年丙寅郡行鄉飲酒禮仙遊鄭紀爲大賓黃

仲昭林俊劉閔爲介賓周瑛爲大僎前志

正德五年庚午九月山寇劫涵江黃石

寇夥不及百人黎明至涵江劫掠舖面轉至黃石

抵塘下操戈橫行囊負所獲恃承平日久居民却

立遠望莫敢誰何殺死一人傷斃一人俄由橫塘

東郊循水蘭陂而去天馬山房文集

正德七年壬申紅泉宫燬巡按李如圭提學姚鏌知府馮馴以其地爲水南書院制如學

正德八年癸酉詔給御史陳茂烈月米三石以資養茂烈請終養其母兩舉孝康不赴詔書褒勉給以月米旌純孝也

正德十二年己未四月十九日地震

河南道監察御史陳茂烈卒賜建碑坊仍給二石優

恤其家

茂烈持己廉約操行精純嘗從陳獻章學莆有白沙學派自茂烈始 前志本傳

正德十四年辛酉六月邑人馬思聰死於江西宸濠之難

王守仁過莆訪林富 林子本行

守仁大儒也與富同在獄中講周易至是按行福州六府過莆訪富莆有陽明之學自富始書之以

志師友之愿
九月丙辰地震
正德十五年壬戌三月二十五日地大震有聲如雷
正德十七年甲子六月初一日慶雲見壺山之頂三
日六日九日連四見
世宗入繼大統邑人林俊方良永陳琳鄭黄瀾黄鞏
林富林有年林大輅應召命者九人
會試第進士者十六人占闔省全額三分之二

嘉靖元年壬午鄉試中式四十人

詔特給都御史王良永月米三石如陳茂烈故事

嘉靖二年癸未七月廣寇申大總至

大總廣東饒平人聚黨僅百餘人初十日入常泰
十一日屯營白沙隨掠廣業里吳昂自同安以兵
三百人至賊突出太湖陂趨白岛嶺謀襲涵江邑
人知縣張廷槐率衆禦之賊移屯江口與史汝良
手射衣紅一賊義如林本着赴戦死汝良中弩箭

昇遂絶張廷槐復以鄉兵五百人夾擊賊敗其侄張世清死之賊適由梅洋入新縣從九座山遁去寇初由仙游向南嶺來突至溪北上黄氏家殺傷人口去城五里而近城門警嚴乃退入深山望江里惡少王國材父子與其族人譽陳陸爲鄉導晨至其境擄男婦數名即迎仙寨置營責立限狀追徵斬艾貧者以逞威時分巡福寧道按察司僉事吳昂按莆同知李正晉攝事籌畫無策而劫質之

家兵為張皇聲勢走透機密以祈緩死官兵接戰
市人袖手相率往觀賊以大旂旁綴小鈎張開伺
蔽臨陣忽出旂下擄戕我兵殺死林本蓄撿校
巖簡亦被擒居民大震調浦城漳州海滄戰手至
相持彌月各家典賣田宅借貸親戚以贖人口所
費不貲又為之置買圓帽雲鞋䏏身等物乃歸巖
簡從容安居而去遂入德化 天馬山房文集
七月初四日夜光見東北隅良久乃散通志作五年事

嘉靖三年甲申元日雨雪 前志

知府朱袞建涇（江）壽澤書院 前志

嘉靖四年乙酉春日又雪 御史朱淛作雪湖歌

詔存問優鄉邑人知府林堪 前志

嘉靖七年戊子大旱禾稼絶收郡人布政使周宣作

書興惠湖二守告糴

嘉靖十年辛卯建啓聖祠於夫子廟東偏建敬一亭

於櫺星門右 前志

秋風雨潮漲山齋集

嘉靖十一年壬辰冬大雪前志

嘉靖十三年甲午知興化府黃道一修寧海橋及海堤

嘉靖十四年乙未歲歉邑人戴欽出穀麥平糶前志

嘉靖十五年丙申郊廟禮成上兩宮徽號命有司存

問京官三品以上致仕年在八十以上者與結人夫

月米以贍之郡人都御史林茂達與焉

嘉靖十六年丁酉知興化府吳達躬闢水利

害閘水利重民事也特南洋涵洞二百餘口北洋涵洞三百餘口乃汰其繁多者僅存內外垛八十口餘盡毀塞至是水之宣洩乃有定制

嘉靖十八年己亥九月火災

初起知縣林興韶家次太守林有祿家又數日清浦翁朝瑞夢神人題其亭句曰夢本非真天外飄飄黃鵠起朝來何事樓前屹屹白雲飛是夜火發

歲大熟、天馬山房文集

嘉靖十九年庚子歲大熟
書有年也銀一兩得米三石大麥菽黍積而弗售
富室廩窖無所蓋藏蓄中百年未有 天馬山房文集
嘉靖二十二年癸卯五月十八日五色雲見于壺山
之上
七月二十六日夜流星如大二十八日近晚石室岩
後雲氣如人馬旗幟人遥指為賊久之乃散
嘉靖二十三年甲辰夏旱八月颶風大作

歲大饑邑人戴欽治粥賑飢賴以存活者千餘人

冬十一月倭寇患南日湄州把總丁桐率水師興寇戰敗之

時民軍共撲賊斬首一級捕賊三四十人蕭禱撲賊船一隻捕賊徒十五人寇中有林希德者潜來人被擒從賊職專斬殺人附近大家憚其經路純熟遷城中解舍增價數倍至無所容居民夜不貼席 天馬山房文集

興化衛所千户白仁奉分巡姚鳳翔檄領水軍捕寇

追至連盤四澳與丁桐并力奮擊生捕倭寇一十四人

嘉靖三十二年癸丑平海衛左所正千户葉巨卿奉

檄領水軍把守泥滬澳巡檄南日寨倭艦數十至巨

卿迎風鏖戰生擒百餘人

泉州衛右所張養正奉檄守興化青山寨倭舟傍岸

養正發五矢中其三越其夷悉衆登岸養正禦之後

軍奔逃遂被害

地震有聲如雷前志不記年月

嘉靖三十三年甲寅倭寇揚帆夜半趨砦葉石鄉堅壁捍禦達明勒所部興賊力戰身被數十創死前志

嘉靖三十四年乙卯倭入寇知興化府陸美中禦之平海衛千戶邱珍以輕騎數百追寇興戰死之

倭寇數十艘循海岸焚劫平海衛珍率所部為游兵扼其要害使不得傳岸賊焚其舟潛從白湖登岸珍令數十卒乘夜縋城拒賊從間道鳴金鼓大

呼曰寇至於是郡人始得竄匿平明珍以輕騎數百追至海口殊死戰墜馬死

十一月十三日倭寇自白湖攻鎮東衛千總戴洪高懷德張鸞出戰沒于陣平海衛千户楊一茂白仁張球追賊於東岳廟大敗倭衆既而倭從間道至白仁短兵接戰殺相當久之兵益寡而救援不至力戰死之

按籌海圖編楊一茂等亦戰死

倭寇決海堤田不可耕耕不得以償種少村集

嘉靖三十五年丙辰七月天鼓鳴於白晝雨下如雹前志

嘉靖三十六年丁巳赤眚見前志

嘉靖三十七年戊午四月初十日倭寇千餘人入三江住新橋頭涵江鎮前洋尾諸村焚掠一空十四日進逼郡城

布衣林兆恩興廣兵訂約卻退倭寇

兆恩號龍江總制富孫偈三代合一之學門徒極盛時倭寇逼城々中兵寡適廣兵過境興訂拒寇

約酬以千金廣兵縋城喊擊斬真倭二級冦退廣兵索酬兆恩罄家儥銀只得七百餘兩廣兵擄兆恩於街衢縉紳就縣先借官銀湊之即日分給乃去 前志林子本行

林兆恩講學於東山時兆恩新負喪與諸生講明五禮著四代禮祭圖説及射禮冠禮儀節遠近求教者雲集莆于是有龍江之學 林子本行

六月天鼓鳴前志

分守萬依命增城墻高三尺前志

都御史王詢請分福建水軍福興為一路領以參將駐福寧自流江烽火門嵛山小埕至南日山漳泉為一路領以參將駐詔安自南日山至浯嶼銅山元鍾走馬溪安邊館水陸兵皆聽節制明史明志

嘉靖三十八年己未四月二十六日倭千餘人由興化過往天寶陂屯宿溪前馬山等籌海圖編

六月既望天鼓鳴如風水相札移時不絶前志
有妖道自漳泉至謡言馬騮精脅黒昧蠱女子賣符
禳辟有司以左道惑衆逐之
嘉靖三十九年庚申五月郡中雨毛狀如鵞鴿柳絮
颯々而下移時乃止
雨雹大風拔木飄瓦海濱園瓜根盡拔
布衣林兆恩以錢米賑難民
時倭寇猖獗城外避寇者散處城中及寺觀不知

其數率踞地寢又飢餓布衣林兆恩具錢米及草薦以施之 林子本行

嘉靖四十年辛酉自夏徂冬倭三寇莆城屠蘆浦村參將侯熙漳州人部卒半以里兒隸爲賊行間都司白震廣西人狼兵與土兵相仇殺放火燒南關煙燄兩日侯白束手無策是時村鎮殘破獨蘆浦一村人自團練扞禦賊并力合圍村去城僅五里村人告急城下侯熙上北譙樓立視其敗不救賊

屠蘆浦海水為赤

夏雨毛有獸渡海入塘下惠洋狀如羊大如馬人搏

食之

秋東郊外有酒家豬生一頭六足

志獸禍也

嘉靖四十一年壬戌春城中大疫立春行禮城樓上

六月倭復来寇

倭屯縣蔡垞上杭頭等村寨城濠上流民以舟為

生者泊河隍千數無所得水請郡願各奮身決死
戰一鼓而前殲賊百餘級侯熙兵陰遮道翼賊舟
人傷退又募花亭虎匠數百人入上杭頭以毒矢
中賊々大潰移入社虎匠先往持之侯兵密報賊
賊伏林莽中虎匠被傷百餘人遂歸山不應召
九月十三日戚繼光大破倭寇於林墩戚繼光年譜
時新倭大至營福清牛田倭酋營寧海林墩互相
呼應巡撫游震得告急于浙督胡宗憲宗憲派參

將戚繼光率都司戴沖霄把總胡守仁勦之繼光
至先擊破橫嶼破其巢乘勝至福州父老請師期
繼光曰吾兵疲且休矣賊偵者歸告遂不為備繼
光夜督兵行三十里黎明破其巢斬首千餘級倭
退牛田泥塗數里倭以官軍不能至繼光下令負
草一束將領不知所為明晨疾馳至以草填地倭
越江死者萬餘人餘寇走興化急追之四鼓抵其
寨連克六十營斬首千數百級平明入城興化人

治知相持牛酒犒勞繼光旋師福清又遇倭自東澳登陸擊斬二百人至福州飲至勒石平遠台遂還浙江　明紀福州府志

八月初旬紫帽山鳴三夜

十一月倭陷興化城知府奚世亮訓導盧堯佐死之　明紀

新倭四千餘日來薄圍二十九日夜四更城陷分守翁時器奨懦寡謀城中食盡兼之大疫士民日夜登郭望敝兵巡撫游震得遣總兵劉顯來援僅

有老弱兵二百人屯江口不敢進時器移文促之泉人新附倭者雜父老中請顯答以兵寡須再招募新附倭者遂遣人偽為應募者混入顯營中顯遣色把總領兵二百人來衣甲俱綴天兵二字賊伏要地扤之比至僅六十人色把總適去二十八日色又遣八人衣天兵之衣賫文于時器倭執殺之衣其甲向城持公牒要納時器句視之緣十賊登城署郡守龔世亮通判李邦光皆疑非真請鋼

之時器然不聽即令十賊守北門下人啣枚豎開
擊柝聽好消息至夜半鬭鐃聲遍賊語也更深闃
寂靠梯北城尋至堞從下舉銃衆喜兵至回環一
顧沿堞光頭者放火殺人死亡者枕藉時器然總
兵舉高通判李邦光俱遁去而知府奚世亮守西
南城猶巷戰身被數十創死之同死者訓導盧堯
佐城中焚掠一空自倭亂數年倭破衛所州縣城
百數未嘗破府城至是遠近震動　明紀前卷

嘉靖四十二年癸亥正月朝旨以福建倭患再起命譚綸討之

時游震得請浙江兵勦賊詔發義烏精兵一萬令戚繼光將以往俞大猷屯兵福清譚綸至令大猷進兵大猷素持重欲待繼光兵至合力勦之倭留興化兩月以城中腥穢不堪乃涉崎頭城都指揮歐陽深搏戰中伏死倭乘勝破平海衛據之尋罷游震得聽勘即以綸為福建巡撫翁時器畢高李

邦光俱謫戍

四月十三日巡撫譚綸遣總兵俞大猷副總兵官戚繼光擊倭于平海破之 通鑑綱目三編明紀

先是戚繼光兵未至俞大猷劉顯皆不欲攻欲俟大軍雲集破之三月倭掠長樂二十八都四月戚繼光始至破倭于連江馬鼻之百丈岩大猷乃與顯別邀于長樂殲之新倭犯福清欲與平海合大猷邀擊之於遮浪亦殲之繼光兵至福清譚綸乃

令繼光將中軍顯將左軍大猷將右軍合兵破倭于許家村因風縱火斬級二千二百有奇遂被掠者三千人倭大創自此東南始得安枕

侍郎黃廷用被擄在岐頭城樓有詩云海角岐頭城已破夜行十里寄山樓傷心滚滚東流水無數新尸水亂浮皆紀實也時有謠傳廷用已降賊者廷用與戚繼光書自辨云頭如故髮未剃也四十五日廷用生還少村集

繼光兵至福清倭在平海者聞之殘半下舟降賊
許朝光擁舟歸海上陽為阻倭實縱之倭重賄許
朝光縱路歸國止留精兵三千人移巢許家厝綸
親詣部署遂破之次日凱旋入興化府掃除辟字
招撫流移殘民始再見天日 林子本行
倭寇屠城林兆恩命門人瘞骸四萬餘身
倭入城兆恩避匿三洲倭酋素聞其名遣廬求見
不得至是寇退城內外積屍纍纍兆恩命人分別

男女火化收瘞於太平山四千餘身南北洋各村
則掘地深若埋亦四萬身爲詩祭之林子本行
六月譚綸奏復五砦從之明紀
綸言福建舊設五水砦扼海內法甚周悉宜復舊
以烽火門內南日浯嶼三䑸爲正兵銅山小埕二
䑸爲游兵寨設把總分汛地明斥堠嚴會哨改三
路參將爲守備分新募浙江兵爲二班各九千人
春秋番上各縣民壯皆用精悍每府領以武職一

人兵備使者以特閲視從之 明紀
設總兵官一員鎮守興化為中路轄福州興化平海
泉州永寧各衛所軍並南日寨與泉二府陸營客兵
十一月朔倭舟十六艘犯莆田青山及晋江福寧連
江惠安等灣初五日戚繼光偕監軍汪道昆屯興化
府
秋大風雨決隄海水濫溢至城外 前志
莆至是三遭海患矣

巡按御史李邦珍邑人南京道御史林潤先後疏免
田租三年從之
嘉靖四十三年甲子更築興化城
巡撫譚綸據戚繼光議令城外西北築墻高七尺
北門至水關築土墻四百五十丈西水關至西門
築石墻六百三十四丈五尺
嘉靖四十四年乙丑林潤奏給帑金三萬下知府易
道談修廟學及官廨城樓道談修廨署費不給折破

寺廟助之前志
四月修海堤七月成
嘉靖四十五年丙寅正月福州興化泉州三府同日
地震通鑑三編
知府易道談知縣徐執策奉檄重建莆田縣學
隆慶元年丁卯詔凡坐先朝議禮註誤臣工悉復官
贈秩林俊贈少保謚貞肅郎中黄待顯贈太常寺少
卿給事中鄭一鵬御史張日韜方一桂並贈光祿少

卿

隆慶二年戊辰大旱

分守楊準以莆城腰墻過高用桌凳立守不便命知縣徐執策設副堵于垛口 前志

隆慶四年庚午風雨雷雹大作 前志

雷四處起房屋皆動電如火光天地為赤

八月初七日雨大作至九月止壺公山有蛟起土崩數丈 前志

隆慶五年辛未七月二十日午時有雙龍現于東莊

一昇天一入海中　僉事余一鵬記

初起于東角海中黑霧瀰漫疏雨甚大色黃而氣

腥擁水高丈餘澍數丈亘野聲如烈爆轟若澌潮

一飛騰初甚小若墜復起長數丈漸至竟天尾銳

腹若小牯腹背甚白鱗甲蠕動隨駕片雲而升一

浮田禾而上北渡洋水皆湧泉吞噴薄如犬樹銀

茫至白石堀中水躍數丈埠上柚樹皆偃旋入東

華潭中禾樹如故無寸折 露書

分守陳武卿命同知錢穀修東北二門樓改東門曰鎮海西曰永清南曰迎和北仍拱宸 前志

隆慶六年壬申八里文賦里西冲院有大蛇出吞鹿人不敢捕遙視蛇腹下有二字 二申野錄五行志

萬曆二年甲戌八月初四日未時地震從東南起至西北方聲大如雷大小屋動搖溝水泛濫

萬曆三年乙亥七月初四日向晝有龍起自東北黑

雲回繞黑中一直白如雲迤邐升天是夜雨如注

知府呂一靜延邑人廣大和修興化府志

萬歷七年己卯六月南山寺瞻拜亭階下第三株杜

樅雷起電光閃灼雷霧迷雷轟地上半日不起抵曉

方震樹尾折次日視其下多龍文金碧隱現

萬歷八年庚辰行方田法清丈田畝惟山地不丈

萬歷九年辛巳知興化府陸通霄重拓西北城垣將

烏石山後岡包圍在內長八十五丈五尺 前志

萬歷十一年癸未八月霖雨至次年正月陰雲不開

冬禾没水中民間用火焙穡頗為糴食

萬歷十四年丙戌孝義里地裂丈餘水涌出黑沙臭

如硫磺沙上多牛跡

是年至次年皆歲旱大損

萬歷十六年戊子十二月柯守喬作亂

守喬廣業里下溪人妄言惑衆面長鬚大耳垂簾

受撫奸民曾建邦畲民雷五等附和之宣言海上

游天王有神異兵機

萬曆十七年己丑三月巡撫周寀遣兵勦柯守喬平之

萬曆十八年庚寅歲饑

布衣林兆恩命門人密訪城中赤貧者散賑放穀

數百石金百餘兩

萬曆十九年辛卯知縣孫繼有修砌舊城

萬曆二十一年癸巳春知縣孫繼有開火器局於東

山西偏僻地

撫院因倭警絕令繼有備火器以東山西偏隙地隔絕民居備直求諸林兆恩兆恩献地且謂國家公務即私宅唯命隙（光）地而欲受直乎　林子本行

九月初九日寶海橋折一門居旁者凡三夜聞有聲嘡々然

萬歷二十二年甲午歲歉林兆恩捐金七十兩送府縣賑之

又輸粟一百石于龍坡社義倉　林子本行

萬曆二十三年乙未六月大旱次年詔賑福建餞林
于本行
分守徐即登延豐城李材來莆講學立明宗書院為
講舍 前志
材字孟誠號見羅嘉靖壬戌進士官雲南按察使
以平緬功陞右僉都御史巡撫鄖陽雲南巡按蘇
瓚承政府意旨劾破緬之役攘冒蠻功謫戍閩中
講學於漳州東山邑人黄崇翰從之遊分守徐即

登延至菁講學始至寓暢山假梅峰爲講舍後以
梵宮講學非居肆之規從縉紳林鳴盛議捐金建
明宗書院從遊門人陳其志方承郁刻其集曰正
學堂稿材本爲姚江之學後變其說拈大學知止
知本爲宗後人稱爲止修學派正學堂稿明儒學案
萬歷二十四年丙申清丈田畝完
萬歷二十八年庚子六月白虹兩見竟天前志
秋七月十八日颶風猛雨歷五晝夜水漂室廬溺人

畜穀禾稼東角堤決海水溢城不浸者丈餘海船直
至城下小艇直入南市巡撫金學曾以聞次年二月
詔分別蠲賑
至是莆田四遭海患矣
萬曆三十年壬寅烈風五日冬禾大損 前志
萬曆三十一年癸卯地一夜五震 前志
萬曆三十二年甲辰十一月初九夜地大震自南而
北樹木皆搖有聲樓鵶驚飛城崩數處城中大厦幾

傾鄉閭屋傾無數有傷人者洋尾下柯潢利地皆裂
中出烏沙作琉璜臭池水皆涸初十夜地又震
萬歷三十三年乙巳早禾大熟
萬歷三十四年丙午大旱田禾盡枯是歲斗米二百錢
八月初七日福州大風湯岐江五舟並覆興泉漳應
試諸生溺死千餘人
詔免田租十之一
知縣孫養正奉恩詔吏具牒請概徵之養正叱曰

壅天子法意今百姓日困誅求爾輩罪豈足贖哉
竟如詔行
萬歷三十六年戊申知縣何南金修城週迴砌以磚
石樓堞副階一新
萬歷三十七年己酉四月五色雲見北方
五月六日午時地震
萬歷三十八年庚戌歲大熱
萬歷三十九年辛亥八月五色雲見紫帽山

六月龍起西門外北磨々皆欽山崩水湧大雨如注

是年大熱

萬曆四十年壬子三月三十日夜火光見城內東廂等處火燄異常四鼓又見

四月十二夜近黃石地方雨雹大如拳風雨大作折木飛瓦

萬曆四十一年乙丑拜周如磐為東閣大學士

天啟六年丙寅九月地震

鄭芝龍燀洗船隻於湄州蔡繼善遣黄昌奇招之會於此 台灣外記

崇禎元年戊辰七月海盗李魁奇劫掠吉了警至人心奔潰當事汲々圖近守之策有以專守閩安鎮為言者以此鎮最狹可設銃墻設牙牌山 崇禎集

崇禎二年己巳雨血

八月海盗褚彩犯南日澳鄭芝龍率兵勦滅之

崇禎十二年己卯六月鄭芝龍擊敗荷蘭酋郎必郎哩哥於湄州洋

郎必郎哩哥荷蘭酋長驍健善戰先後刦掠浙閩海上海軍屢為所敗撫臣檄芝龍擊之至湄州外洋興夷首遇夷船高大官軍技無所施傷者甚衆芝龍退泊楓亭港口募漁船慣水者五十人以竹筒貯火藥人各佩兩筒撐以舟急至夷船邊釘筒發火五十人浮浪而歸焚夷船五艘自是不敢入

闕境

八月十七日大風飄屋瓦拔木 按續筆精作十六日

九月雨豆

崇禎十四年辛巳三月地震六月又震

崇禎十六年癸未九月三十日颶風大作東角長堤盡壞海水淹入南洋晚禾絶粒

莆至是五遭海患矣

五月雨絲

冬地大震有聲如雷
崇禎十七年甲申山冦陳尾林龍等作亂討平之
三月十七日北京城陷兵部侍郎王家彥死之九月
遺櫬歸莆
時闖賊入居庸關家彥日夜守安定門寢處城樓
已累月宦官曹淳縋叛監杜勳啟門十七日黎明
賊從彰義門入家彥望闕叩頭自投城下不死縊
於民舍而死里人鄭淦奉其屍殮爲撫遺櫬歸莆

書曰死之死國也家彥於乎全節矣

崇禎十八年乙酉（南京弘光二年）六月唐王監國福州閏月

即皇帝位七月改為隆武元年

起黃鳴俊朱繼祚為東閣大學士（殘明宰輔年表　南疆繹史）

八月賜肅魯伯黃斌卿上方劍出鎮舟山

斌卿起鳴子以蔭補百戶積功累升寧紹副總兵

以水師鎮舟山弘光即位以斌卿為總兵官駐防

鎮江馬阮當國斌卿上書忤其意十一月命移鎮

廣西南京協大學士黃道周薦斌卿忠勇不宜居
散地召對稱旨故有是命八月初二日從福寧出
甯紹衢等處入舟山臨行奏請移廕教諭曰功成
且帶礪茅土之是酬乃先朝應興之恩廕而不與
卿子卿兩弟准即襲職金吾卿二子朕為改與欽
名長曰世爵次曰世勳以兆卿家世昌盛為我中
興世臣之意　明史紀事補遺
斌卿既出道過浙撫楊文驄慶賀登極疏斌卿為上之

十二月十五日帝手敕促大學士黃鳴俊出兵

黃鳴俊將率兵赴浙浙中訛言將赴八府督糧閩浙益水火鳴俊逗遛福寧帝手敕之曰自卿辭朝朕切盼出關之信乃聞今日尚滯福寧殊可異也況卿不由衢而從溫廷議不然倚卿甚重何逗遛如此朕今親征行矣朕若至建寧卿必至衢州朕若出關卿必至江上不然公議無私甚可畏也

明史記事補遺

隆武二年丙戌六月佃農圍郡城

莆田租額每石穀一百二十斤後大家有議加者衆不服遂成揭竿之事上聞之駭曰此誠地方異變著守道柴世埏赴莆妥議務期主佃相安官幹非理虐佃與刁民假佃倡亂者俱當懲示警（思文大事記）

帝親督師至順昌聞清兵已由衢州廣信兩路進師固山額真公圖賴等擊敗黃鳴俊於仙霞嶺下建寧朱繼祚等扈蹕至汀州清兵奄至執帝及宮人至福

州黄鳴俊降朱繼祚走興化

六月二十二日清兵撫定興化知府劉永祚死之

案白靖錄云永祚已引病致仕退仙遊縣城陷仰

葯死

魯王監國二年丁亥海上隆武三年鄭成功稱王入南澳命鄭

彩殺黄斌卿

先是帝即位頒登極詔魯王在台州不受詔至是

南奔石浦張名振護王航海至舟山斌卿不納王

浮海至廈門後入南澳鄭彩率舟師迎王王命討
誠殺之書曰殺非罪也誠卿受帝命魯王拒命其
不納宜也明事於是不可爲矣海上見聞錄
仙遊義民王士玉聚衆楊山寨勢甚大直至莆之錦
墩常泰里義民潘仲勤王繼忠復集子弟爲義兵應
之屯黃石九月同安僞楊耿陽帆抵西沫東陽與王
潘等合攻莆城總兵張應元不敢出戰城閉逾月
是年清兵已撫定興化矣昌爲書義兵時魯王在

福寧傳檄各郡方王等兵為義起也

十一月清派分守彭遏飈率騎兵百餘衛團莅任城中兵出殺義兵千餘人又至馬峰殺千餘人圍始解

魯王監國三年戊子（海上鄭成功稱隆武四年）正月大學士朱繼祚起兵復興化三月入興化城（南疆繹史）

魯王師次閩安鎮檄繼祚興楊耿同起兵城中被圍三月食盡餓死幾半分巡道彭遏飈故南部御史興知府胡元貢知縣盛于唐謀啣城應之張應

元出戰城上盡易明幟應元遁入仙游遂復興化
書曰明大學士以繼祚志在復明也興化存明明
存綱目於漢翟義書起兵予義也
七月清兵克興化城明大學士朱繼祚吏科給事中
林嵋興泉道湯芬如縣都廷諫死之南疆繹史
繼祚被執不屈死具書其官予之也浙閩總督陳
錦靖南將軍李率泰固山額真公宗室韓岱等統
清兵攻興化書曰克如二國也東華陳錦奏錄云生擒

爲總管顧世臣等十二人斬之顧世臣前志佚其
名其他名亦無所考
論曰有明御宇肅之文物與宋代頡頏列卿著績於
旂常諫臣垂名於史策類皆直言骨鯁正色立朝賢
奸之辨既明去就之際不苟君子道長小人道消不
得不歸功於宋儒講學而白沙陽明兩派漸磨激盪
其熏習者深也弘治正德兩朝爲肅文物極盛之時
至中葉倭寇侵陵殺戮慘禍史所僅見室家顛覆比
之中原板蕩抑又甚焉文物自是稍替矣至於南塘

奉提父老仰望手旌旗龍江瘞骸枯骨啣恩於泉壤皆一時可歌可泣之事也隆萬以後補苴罅漏元氣未完災異疊見猶之東遷以後小雅變為王風日不再中盛難為繼迨思宗殉國王忠端抗節於都城隆武建都朱學閎起兵以恢復方諸宋代二忠殆無愧色而一時奮袂景從結纓蹈義者尤筆不勝書斯亦極史冊之光榮增民族之痛憤矣

通紀六　　張治如編修

清

順治六年己丑時永曆三年魯王監國四年十月明兵克興化城署知府事福州推官黎樹聲死于難東華錄

誰克之鄭成功克之也不書其名旋得旋失無記載可考也黎樹聲為城而死故變文書曰死于難詔贈樹聲本省按察使司僉事蔭一子入監讀書

不書贈官徽之也

順治八年辛卯明永曆五年魯王監國六年閏二月鄭成功師次平海衛命黄愷督徵興化軍餉閩撫張學聖提督馬得功襲廈門遂還師海上見聞錄

參軍馮澄世説成功以甥禮通日本獲其鉛銅之助至是又徵漳泉福興沿海軍餉小腆紀年

順治十年癸巳明永曆七年魯王監國八年八月山寇郭爾鑾應鄭成功率衆駐寒硎山民被其殘暴擄掠

昌書冦以其擾民也兵以義起擾民則非義而為
冦所乘書以貶之
十一月鄭成功舟師侵入莆田縣
成功遣張名振率水師船二百餘號北上陳輝等
為援總督劉清泰調水師出福興二港合攻成功
成功遣林察周瑞等率水師往海壇迎敵船泊湄
州遇颶風飄入興化港被擒書曰侵入志師誤也
順治十一年甲午明永歷八年魯王在金門自去監國號二月鄭成功

乘招撫按兵就福興泉漳四府徵糧備辦船料等項

台灣外記

十一月鄭成功派兵至黃石沿鄉索餉

書曰索餉志擾民也是時按戶徵取始而上戶次

及中戶下戶敲膚剝髓無得脫者莆民之財竭矣

十二月福建巡撫佟國器奏鄭成功勢及興化請發

滿州大軍進勦並勅調潮州水師直抵廈門與閩師

夾擊東華錄

順治十二年乙未明永曆九年正月初五日鄭成功攻陷
仙遊十八日移兵圍興化城越日去大雨雪
順治十三年丙申明永曆十年七月免莆田等縣十一年
荒地賦額 東華錄
順治十四年丁酉七月鄭成功委黃旭鎮守思明親
督戎旗等鎮進攻興化黃石分遣甘輝至涵江取糧
三日遂抽狼崎今前提督黃廷鎮守閩安鎮護衛陳
斌守羅星塔 海上見聞錄 小腆紀年

成功以甘輝為元帥統十五鎮兵坐配大熕船四十隻快哨二十隻北上取閩安輝至湄州命戴捷為引導進攻閩安克之。台灣外記

七月十二日鄭成功兵據東角珠浪長堤盡運米穀財帛以去

九月桂王遣彰平伯周金湯太監劉柱從海上至賚延平王印敕晉封潮王招討大將軍賜上方劍便宜行事 小腆紀年

金湯莆田人崇禎庚辰武進士授湖南中軍守備永明王即位肇慶金湯以副將守均州永州再破進都督加太子太傅封漳平伯為册使還至潮州被執不屈死之

順治十五年戊戌（明永曆十二年）大兵克興化九月免福州興化建甯三府十二年十三年荒地稅糧（清世祖實錄）十月閩督李率泰督兵克閩安鎮圍羅星塔招降陳斌斌降（海上見聞錄）

陳斌莆田人為成功護衛前鎮守羅星塔至於被
圍無援施琅使人招降

裁興化府莆禧倉大使東華錄

順治十六年（明永曆十三年）九月三十日颶風大作東角長
隄盡壞海水淹入南北洋晚禾絕粒前志

裁莆禧驛丞東華錄

順治十七年庚子（明永曆十四年）正月大雨雪詔官司賑卹
流民

七月十三日鄭成功遣兵至黄石鎮等處大掠三日

乃去

秋禾生檜

順治十八年辛丑（明永曆十五年）正月鄭成功將攻台灣命

洪天佑楊富楊來嘉何義陳輝等守南日圍頭湄州

一帶接連金門以拒北來之師　台灣外記

冬詔徙沿海居民於内地

議者以為海寇跳梁出没有瀕海之路生其心也

乃命户部尚書蘇納海至閩遷界居民盡移內地以壺山天馬例入雁崎為界築界墻越界者抵罪自是界外膏腴之地盡為甌脫海上更易出沒書之識為謀不臧也是時離海三十里村庄田宅悉皆焚棄築墻立碑撥兵守戍出界罪之海上見聞錄

下令寸板不許下水以絕接濟然守兵頗橫恣得仍從出入有賄賂者輒推出界墻外殺之官不能問通志

海禁加嚴私帶海味者加重罪

康熙元年壬寅五月鄭成功卒十一月魯王殂于金門東角遮浪隄盡
為海港
初明江夏侯周德興撤東角隄石築寨防倭自是
祇有土隄終明之世備受海患盡為海港害尤
甚矣書之志患於民事也
詔除海濱無主田租
康熙二年癸卯築甯海東畔至塘下為長隄
康熙三年甲辰知興化府李英以明宗書院改建平

海衛學

閏六月以興化泉漳三郡旱災命督撫加意賑䘏錄東華

是年春夏不雨禾稼盡枯邊民流散失業或餓死邑紳士為饘粥以食之子女多轉賣外省六月大雨連七日夜溪河暴漲漂蕩民居無數水及半城舟從東門入者至五大夫坊從南門入者至譙樓前郡守邑令登城致祭投縣額於水以禳之閏六月六日水乃退

南北二洋廣常二里等處人民淹沒田土崩塌知
縣沈廷棟詳報上憲具題蠲免本年錢糧
康熙四年己巳饑巨盜范伯畧等數十人乘地截界
外發掘前代公卿墳墓攫取殉葬金寶至有懸屍於
樹以出水銀者紳士具呈分守熊可智行縣嚴緝始
伏法
康熙六年丁未大有年銀一兩買穀八石
康熙八年己酉二月奉旨展界

總督范承謨奏准界外附近地各展五里許民築
室耕種捕魚為業詔從之築內隄自東埭北棲大
孤嶼南抵鄒曾徐
七月命刑部尚書明珠兵部尚書蔡毓榮入閩與靖
藩耿繼茂總督祖澤沛議撫鄭經駐泉州加興化府
知縣慕天顏卿銜同都督簽事季佺齎詔書往台灣
經遣柯平葉亨到泉州議照朝鮮例稱臣奉貢不剃
髮不登岸議竟不成台灣外記海上見聞錄三藩紀事本末

康熙十三年甲寅三月十五日耿精忠叛十七日令箭到興化府總兵馬惟興兵大掠剪辮降台灣外紀

八月耿精忠以江元勛守興化拒鄭經台灣外紀

〻〻耿精忠徵馬惟興出仙霞關以右都尉王進代之台灣外記

十月耿精忠徵辟士紳坐名趣名舉人彭鵬堅臥稱病五十餘日劉滑龍粗服亂頭混雜市井閒游建士佯為瘋病進士朱翰春焚右股參議道張松齡臥病

免

遂毀府學

九月耿精忠遣王進以步騎三萬攻泉州進至惠安肆行焚掠經命劉國軒統兵拒之王進退楓亭列營二十餘里十月國軒至塗嶺見進皆新募之兵直前擊之新募兵殊死戰國軒令許耀分兵襲其營進大敗國軒追至興化城外而還三藩紀事本末　海上見聞錄

九月隕霜殺禾冬大荒歉觔肉隻雞銀四錢

康熙十四年乙卯正月耿精忠遣張文韜至泉州鄭經處賀正議和送船五隻經遣鄭斌報使約以楓亭為界有事互援台灣外記 海外見聞錄

康熙十五年丙辰八月耿精忠後將軍馬成龍守興化聞馬九玉已納款遣人往漳州見鄭經盡獻興化府經封成龍為珍虜伯令許耀率兵赴興化共守台灣外記

九月耿精忠降鄭經聞報馳諭興化以許耀為總督

諸鎮兵馬進屯烏龍江至是悉有泉漳惠潮詔汀興邵八郡之地 台灣外記

十月鄭經據興化城掘太平山為營壘

十一月耿精忠左都督曾養性授誠部將朱天貴不從將舟師悉附守鎮定海奇兵鎮黃應與水師一鎮蕭琛等引泉邀擊養性歸師獲船數十隻鄭經授天貴為樓船右鎮仍同黃應蕭琛等守定海分巡南日烏洋各島 台灣外記

十二月二十日遣馬九玉攻許耀敗之耀迯興化是夜四更九玉等攻耀於烏龍江戰至次日午耀師大潰南竄三更抵漁溪不敢安營掠食而遁二十二日天明至涵江方敢駐足鄭經得報令趙得勝爲帥領何祐陳昌陳侃陳大烈等星馳興化守拒耀沉湎酒色意不在軍諸將不服當大師渡江時或議於半渡擊之不聽既登岸倉皇出戰以至大敗海上見聞録三藩紀事本末

康熙十六年丁巳正月寧波將軍喇哈達平南將軍賴塔等率兵攻克興化趙得勝死之何祐逃泉州興化平

先是趙得勝何祐奉鄭經令守興化會馬成龍許耀議拒敵之策得勝仍令成龍守城自與何祐悉出據險要列營作聲援耀請曰適有小路可達方口耀願帶原綫領將抄出其後本部鎮兵進攻使彼首尾不顧破之必矣得勝許之耀率其衆行但

山路崎嶇適有淋雨日行不過十餘里喇哈噠接
康親王諭乘勢追趕勿使喘息隨督賴塔段應舉
馬三奇曾養性江元勳馬九玉徐光武等騎步兵
至興化得勝急謂祐曰滿漢雲集城危旦夕右虎
前往之兵已虛其行速當調回合師與戰祐曰公
見最高須急名之耀接得勝令遂反師時各寨戒
嚴拒守軍士之食悉有饑色喇哈噠見分營據守
恐有別謀令段應舉江元勳列陣迫戰何祐欲出

迎戰勝戒之曰初到氣銳暫守以避其鋒俟俟右
虎回師方合兵與戰祐恃勇不聽鼓衆而出為曹
養性所敗得勝見祐潰急督諸將援之九玉元勲
望得勝出師引兵合擊得勝亦敗退據其營祐因
得勝救養性衆稍虛乘勢併出奔入興化城得勝
營被圍三匝督衆死拒見無援師謂諸將曰吾奉
周王之命傾心歸藩指望分茅列土誰知中途同
此牧監輩同事征伐勸而不聽棄而不援噫天耶

命耶大丈夫寧可死於沙漠豈可搖尾乞憐為天下英雄蓋隨大開營門率所部奮不顧身首先衝陣左馳右逐不得出圍忽坐馬中排鎗得勝棄馬步戰連砍數人人莫敢攖何祐登城遙望擁眾不救得勝孤軍無援被鷹拳養性元勲三奇等環繞攻擊左右死傷已盡猶賈勇步戰身中十餘箭力竭遭砍全軍覆沒時二十九日也祐四門緊閉逃回軍卒亦不放入是夜二更開南門遁回泉州

自許耀敗退興化鄭經諸軍銳氣已衰何祐與趙得勝不睦疑其貳於清得勝指天自誓祐不之信登臺以望趙師々潰得勝抽箭注射應弦皆倒既見祐軍之不動也嘆曰吾不幸與若輩同事死固宜也下馬據胡床挽強射殺數十人以死祐蓬髮奔泉州海上見聞錄三藩紀事本末小腆紀年

清兵至邑高壘深溝踞形勢出戰二十九日自寅至巳鷹揚虎奮天反風烽煙衝趙營大敗奔走西

闖者鼓躁不敢開城緣城爭攀自相踐踏追者射
殺積屍滿地是夜何祐棄城遁
二月朔父老出城迎師
大師至訛傳欲屠城守將禁民擒眷出城角頭寨
避兵人滿越數日有土寇乘機為暴索寨中金不
與一夜焚之無噍類 林源集
二月詔免閩地經亂縣分今年錢糧遺亂竄避人等
俱搭徠回籍 東華錄

三月康親王傑書奏鄭經大敗於興化泉州遂棄漳州海澄而遁甯海將軍喇哈達於二月二十二日拔漳州遂復府城闔地悉平東華錄

四月鄭經從陳繩武請以諸鎮聚集一島軍資不給分諸鎮沿海駐扎就地取糧水師一鎮蕭武駐湄州守興化台灣外記

六月康親王遣泉州知府張中舉興化知府卞永譽各加鄉銜會泉州鄉紳黃志美監生吳公鴻入廈見

鄭經令議回各島許為題請以息兵安民為詞鄭不報使台灣外記

宋之亡也陳文龍守興化元人招降文龍欲以一州存杞之祀而元人不許鄭成功奉明正朔不如文龍之忠成功没清尚遣使與鄭經言和照朝鮮例列為藩服為不侵不畔之臣所以懷遠人者至矣假使經有為明之心擇明裔而奉之海中片壤亦中國衣冠之所萃也顧乃失志不從以迄於

亡惜哉

康熙十七年戊午六月初二日夜初更大風從西北來犬毬燭地飛石拔木東北有紅綠色大如斗屋多折前志

六月廿八日鄭經都督劉國軒據洛陽城令王一鱗駕船從塗嶺截斷興化援師海上見聞錄

七月劉國軒水陸並進攻南安諸縣守兵相繼棄城走遂圍泉州副都統紀爾他布浙江提督石調聲退

至興化惠安復陷台灣外紀
國軒圍泉州兩月未下詔調江南提督楊捷福甯
鎮總兵黃泰來興參贊大臣副都統禪布等來援
滿漢騎步于七月二十日至廿六日咸會興化八
月出師台灣外紀
鄭經兵據湄州分巡道葉灼棠偵知須請督鎮撤調
興化舟師截其後自以泉標千人乘夜擊之斬俘甚
衆兩郡遂定通志

自正月至七月按圖冬派夫十餘次

歲大饑詔除各屬續報荒蕪田糧並追亡缺額丁銀

八月提督楊捷出師興化復惠安小腆紀年

康熙十八年己未正月命沿海二三十里量地險要

各築小寨防守限以界墻

耿氏之亂邊民悉復故土及康親王平定閩疆疏

稱遷界累民聽其自便至是督撫上請遂再遷界

海上見聞錄三藩紀事本末作十七年事

二月鄭經遣舟師據圍頭湄州

經聞水師林賢欲督諸船出海乃委援勦左鎮陳諒為帥督陳起明朱天貴等禦之廿九日南方大盛天色晴明諒令起明領大赶繒一十五隻上駛南日以作回援之師又令天貴領鳥船一十五隻颺駛圍頭湄州以作後援台灣外紀

夏大颶風早禾盡掃

秋大水晚稻不登告糴無門

裁平海衛學以遺址建興安書院

詔免被兵縣分歷年逋賦

康熙十九年庚申正月巡撫吳興祚遣水師提督萬

正色攻海澄克之朱天貴走據南日湄州諸澳正色

連敗之追至崇武奧窪天貴遁入銅山澳

正色既復海壇朱天貴遁據南日湄州等嶼復自

海壇進勦天貴至平海復令將軍林陞駕艅三百

餘隻路崇武迎戰正色擊沉其艅二十餘隻新總

兵吳丙副將林勳等克復湄州南日平海崇武諸
嶼東華錄
三月提督楊捷篤正色奏請展界自福甯至詔安盡
許復業台灣外紀
議以八旗移駐莆田不果
八旗本駐福州以興化屢遭寇亂兩議移駐莆田
總督姚啓聖以興化彈丸之地歲比不登力爭乃
免彭鵬止牧馬行

春大旱穀石三兩。

朱天貴率船三百餘艘衆二萬餘降特授平陽鎮總兵官

總督姚啟聖奏偽總兵官馬興龍就撫復勦賊艘往來銅山南灣等處臣密遣督兵官朱光祖招撫偽將軍朱天貴等諭以如遇馬興龍用心維摩令來天貴已拘馬興龍父子兄弟五人沉沒海中谷偽鎮始隨天貴歸誠隸東華

五月興化鹽米貴

鹽每斤二十餘錢米每斗百八十餘錢饑民有自

縊投水死者明倫堂施粥分西南兩廠籤給南廠

婦女幼丁西廠壯丁初有三千餘人後八千餘人

有死及生子廠中者督撫撥銀八百兩到邑一兩

穀一石扣米五斗分上中下戶採買

七月大旱祈雨二十有四日大雨

八月六日大雨傾盆自仙遊南溪至瀨溪霞皋飄泊

廬舍無數圍頭一村溺死者一百二十餘人城内
屋壞千餘間甯海橋折五埭死萬餘人前志
安插投誠官弁捐備農具牛種墾荒海壖
康熙二十年二月總督姚啟聖巡撫吴興祚奏請開
邊界俾沿海人民復業得旨廈門金門諸處已設官
兵防守應如所請展界如有奸民借此通賊者仍令
嚴行察緝通志
六月二十日施琅進攻台澎克之前鋒朱天貴中砲

死

十月二十二日城内大災燬後街大度民舍數百間

康熙二十一年壬戌九月初一日施琅由廈門至泉州吳塗寄泊操演又啟檄海壇金門銅山興化各總兵協鎮營將以及聯絡赶繒等船至平海衛會齊進勦鄭克塽十月二十日施琅在平海接旨

施琅在平海兵萬餘人惟剩一井兵士雲集無所得水琅用耿恭拜井故事虔禱天后宮將井淘淨

水泉突出味甘日夜挑汲不竭勒石名曰師泉

知府蘇昌臣通判楊傳楷修府學

盡復界外居民開墾耕種

平海莆禧兩半島明時文物稱盛至順治康熙兩

朝遷界棄為甌脫三百年來文化衰落至今未復

誰謂禮樂之興僅百年哉

免被兵候官等二十六州縣康熙十八年以後適賦

是歲旱彭鵬有祈雨蠻井疏古愚心言

康熙二十二年癸亥正月吳英調興化總兵六月隨
水師提督施琅進攻澎湖
歲大旱
彭鵬有上城隍祈雨疏古愚心言
康熙二十三年甲子五色雲見西南方
歲大旱
彭鵬有再上城隍祈雨疏古愚心言
康熙二十五年丙寅秋七月地震有聲如雷

康熙二十六年丁卯五月十七日大風發屋拔木前志

詔免下半年地丁錢糧前志

康熙二十七年戊辰詔免上半年地丁錢糧前志

康熙三十年辛未春旱地生毛前志

七月十七日夜大風廿九夜又風海水汎溢入隄淹

没沿海田廬海船遺水漂入沙隄五龍地方前志

康熙三十一年壬申二月十二日夜譙樓火前志

康熙三十二年癸酉七月知興化府范宏重修平海

衛夫子廟

先是平海居民遍見夫子廟正殿遺址光氣燭天發之得先師神主金書朱漆如新於是知府范宏暨士紳迎奉新學內因捐俸重修殿廡前志

康熙三十五年丙子春旱五月初二日微雨復旱是歲旱禾不下種南北二洋溝渠盡涸前志

康熙三十七年戊寅免被旱縣分田賦有差

康熙三十八年己卯諸生黄夢千（午）百歲燈下能作蠅頭小字知莆田縣金皋謝旌其門

旌其門志人瑞也

康熙四十二年癸未春旱至四月十五日始雨早禾大歉

康熙四十三年甲申早禾大熟

康熙四十四年乙酉春旱早禾不收

冬十月某日丑時地大震有聲

知縣金皋謝聘邑人林麟焻朱元春修莆田縣志

康熙四十五年丙戌詔免積欠地丁錢糧有已徵在官者即抵本年正賦

康熙四十六年丁亥四月二十七日有雨虎匿于烏石山重城古涵內發砲斃之

康熙四十七年戊子大有年穀價每石二錢四分疫氣流行

康熙四十九年庚寅二月某日亥時地震

春夏大旱

斗米二百錢饑民載道詔發漕數萬石從海運賑

濟是年錢糧免十之五

普免天下康熙五十年錢糧

康熙五十二年癸巳詔報增人丁永不加賦普免天

下明年房地租稅及積年逋欠

康熙五十四年乙未林源家產紫芝高尺許每日巳

午未三時吐紫霧如香煙繚繞旬日間屋壁皆紫

康熙五十五年丙申旱山中有虎多食男女

康熙五十七年戊戌部議移興化城守右營守備駐

防淡

臺鎮標中營撥千總一員臺協右營撥把總一員

為淡水營千總每年輪流分防雞籠

康熙五十八年己亥旱禾一莖雙穗

康熙六十年辛丑正月廿七日大雨雪屋瓦山林盡

白平地深尺許夜色如晝數日始消

四月台灣朱一貴亂游擊游崇功死之

康熙六十一年壬寅二月初四日雨土三日

夏大疫有全家俱歿者

雍正元年癸卯奉旨議叙平台身故官員從優各加

一等游崇功陣亡給予世襲拖喇沙哈番 東華錄

賜老人祿帛有差年九十以上者有司官不時存問

雍正二年甲辰詔設普濟育嬰堂 前志

雍正三年乙巳四月某日丑時天忽裂開有大星飛

出長數丈餘自東南向西北光芒燦發如放煙火俄

而墜地隱隱如雷聲 前志

五月初九日颶風大作 前志

雍正四年丙午饑五月十三日村民羣起劫掠十九

日知興化府李汝霖下令嚴緝置諸法 前志

雍正五年丁未二月初三日雨豆紫碧色堅不可食

月餘百貨皆貴鹽尤甚

三月十六日連日雨土四望如霧壽雨蟲如釵股大

色微紫

四月二麥抽芽二寸許不實前志

雍正六年戊申五月初一日大風至初六日方息濱

海飛沙壅塞民居田井前志

詔加增蠲免分數先是被災九分者免十之三七分

者免十之二六分者免十之一上軫念民艱加倍蠲

免通志

雍正七年己酉總督史貽直以福興泉漳四府積谷

日久有司不能遵存七糶三之例以致紅朽而台灣
歲運內地米八萬三千餘石請悉易以新穀運貯如
倉出舊谷碾米作平糶兵餉諸費陸續換補通志
常平倉以備米貴平糶義倉以備貧民借貸皆善
政也有司閉倉太甚失於調節則等廢倉貽直可
謂知政要矣
奉文設正音書院
雍正八年庚戌知府張嗣昌知縣汪郊重修城堞邑人

林源記

雍正十年壬子八月十六日至十八日連日大雨水溢大餘舟可入城南北洋民居衝壞無數甯海橋折自明初撤東角石隄土隄不固以後瀕年海患此次海水大漲海船飄至東門外奇災也

初九日夜地震有聲

雍正十三年乙卯春旱

乾隆元年丙辰蠲免積欠錢糧恩賜老人脯帛有加

乾隆二年丁巳大水木蘭陂損壩石二龜三汕刷兩

岸前志

免福建各屬颶風案內水冲沙壓田糧通志

乾隆三年戊午自夏至秋苦旱三月

乾隆四年己未五月一日不雨至八月十六日始雨

乾隆五年庚申七月二十日雨止秋冬皆旱

裁興化府推官缺東華錄

推官理刑民裁之則訴訟歸有司失司法獨立意

書之譏失政也

乾隆六年辛酉春旱

自去年七月至本年三月廿八日乃雨

八月廿四日雨止秋冬又旱

乾隆七年壬戌春旱自去年八月至本年四月初八日始得微雨旋止穀價涌貴斗值二百餘錢民間買水每擔十四錢前志

朝議准福建所屬開墾官荒奇零地不及一畝者免

其升科一畝或地角山頭不相毗連者亦免其升科

清文獻通考

自是地無不開生聚衆矣為政者何取苛細為哉

書以美之

協鎮張良弼建演炮亭於西州峯之頂邑紳以地脉受傷僉請知府瀨善協鎮馬龍圖移建於北門外前志

乾隆八年癸亥三月減莆田等場漁課東華錄

莆田地狹民衆沿海居民無田可耕專以捕魚為

業重漁課即絕漁民之生計也此舉可謂知政體
矣
五月十三日颶風大作十九日又作前志
九月初二日南力里珠橋舖民人林瑞妻葉氏一產
三男例賞米五石折價錢五兩布十疋折價銀一兩
六錢三分前志
乾隆十年乙丑五月至七月始雨
乾隆十一年丙寅閏三月縣治東邊吏廨災前志

乾隆十二年丁卯春旱四月廿三日大雨

七月十四日風雨大作海溢晚稻薯豆盡被淹沒

十一月彗星見

乾隆十四年己巳春福建全省水師戰船集於平海

總制喀爾吉善鎮閩將軍馬爾泰會閱操演（八壺怡客句）

乾隆十五年庚午六月雨血

十二月廿五日大雷雨

乾隆十六年辛未春松樹生蟲枝葉皆枯

五月雨雹夏旱溝澮皆涸

七月某日巳刻暴雨至午刻止

東華地方溝水暴漲有龍乘黑雲上昇挾舟置陂
上指爪所及屋瓦飛墜數十步不壞

十二月初六日夜半地震有聲二三刻方止

乾隆十七年壬申斗米二百錢

八月初三日大風初四日海溢隄潰水至南沙隄等
處近海晚禾蕃薯盡沒

莆至是遭海患矣石隄未復害遺數世官吏不卹
民瘼於此可見
十一月十五日雨雪廿七日聞雷
乾隆十八年癸酉春夏大疫
城鄉男婦死亡無算有一家相枕籍而斃者亟現
因之行妖妄民間喪不敢哭疾不敢問楮灰幟鼓
晝夜喧亂全閩皆然下游較甚至秋乃定年多瘴
死

歲秋旱

乾隆十九年甲戌牛多瘴死以人力代耕農甚苦之

五月雨絲屋瓦樹木如珠布網至晚方息平地則不見廿三日大風拔木至廿九日方息

八月十二日颶風又作海溢入隄稻薯盡沒七八月間雷電屢震男女死者二十餘人

九月初一日合浦里西余鋪氏人朱漢志妻一產三男照例賞給

十一月初八日虹十七日大雷雨
乾隆二十年乙亥三月二十二日雨雹
乾隆二十一年丙子四月知縣汪大經延邑人廖必
琦重修縣志
歲旱禾大熟
旱不為害書有備也
乾隆二十二年丁丑紳士捐貲請知府宫兆麟知縣
王恒仙遊縣賈凝吉買地添建督學試院

乾隆二十九年甲申八月大水海隄壞禾稼失收

乾隆三十六年辛卯春二月望日夜莆田縣學文廟災

災何爲及文廟曰文廟火非火文廟也文廟以明嘉靖重建木老生火非由人不慎也火之夕知縣姚仕道偕廣文鍾林匍匐往救繼以號泣黎明集紳士募捐重建尅期竣功在籍翰林院編修林兆鯤爲之記

乾隆五十一年丙午七月知府柴楨奉文禁止勒索
食料從生員方有光黃震雷之請也
台灣林爽文倡亂總督福康安大兵過境取道崇
武渡海警報到莆檄興化協領兵渡台向縣索供
給時莆令病不出縣尉大為所窘適楨至一言撫
慰而止
乾隆五十九年甲寅知府安泓動帑修城
官工革率石料減少惟外一層用灰其中用土事

書曰動飭修城譏侵蝕也
秋海溢隄潰禾著盡沒歲大饑
乾隆六十年乙卯春夏大饑斗米六百四十錢知縣
汪致禮詳請開倉平糶
奉旨分別成災不成災蠲免本年錢糧及緩至次年
徵收有差又諭被災較重者於正賑外不分極次貧
民均賞給三月口糧
嘉慶元年丙辰七月知府祥慶奉文禁止勒索南京

貨
八月奉文禁止勒索杉料
十二月奉文禁止勒索鐵鍋
嘉慶五年庚申知府札隆阿奉文禁止勒索香料烟
品
七月奉文禁止勒索雜貨
嘉慶七年壬戌三月十八日戌刻有星大如斗自東
流入西未逷裂如三毬其光如月森芒四射聲響殷

般如雷

嘉慶十年乙丑三月知府多托禮奉文禁止勒索紙

張

嘉慶十二年丁卯知府富信奉文禁止奸胥勒索典

舖

自嘉慶元年知府事者皆滿人而罷去苛捐凡五

次民甚德之撫我則后虐我則讎民嵒甚可畏哉

八月二十九日晚雨雪彗星見於四方芒長尺餘其

光動搖初更即隱每夜如是九月二十九日方滅

十二月十九日夜蚩尤旗見長丈餘

十二月二十八日雨雪

知莆田縣張均立擢英書院

莆田文物至是衰謝極矣均涖任購明鄭侍郎大

大同故宅改建書院課諸生每夜半嘗親到院察

員生勤惰定其課最題楹句云邑人有文莫道通

經不易我非科甲深知為學之難近百年來稱良

吏者首屈一指至今興學亦承其餘澤於乎賢矣

嘉慶十三年戊辰三月壺公山頂五色雲見

五月初八日夜地震屋瓦有聲壺公山頂燈光見

數夜木蘭波水迴瀾定庄池水紅一月

嘉慶十四年己巳二月十三日申刻地震有聲

六月十六日日暈過午夜黑氣貫月

六月十八日地大震夜又震二十六夜又震二十七

夜大震

八月知縣張均禁止客商賃寓孤癩惡丐尼徒恣意住宿前志

歲大水盡心寶勝溪砂石隨水荷包瀨涌高數尺木蘭陂水不能南下南洋苦旱十日不雨人心皇皇水利志

荷包瀨南洋陂水之泥喉也寶勝溪挾沙石而塞之水源絕矣故莆之水利工程必隨時興修為宜

嘉慶十六年辛未二月二十四日卯刻地大震有聲

八月廿五日彗星見西北隅光芒丈餘兩月乃滅

嘉慶十九年甲戌十月十三日巳刻地大震有聲如雷未刻酉刻又震

嘉慶二十二年丁丑竹生實如小麥山間有竹者或收至數石食之味如小麥

嘉慶二十五年戊辰七月廿五日黃氣如霧滿天是歲旱

道光元年辛巳二麥不登民艱食署知興化府李嗣業俞恒潤先後勸殷戶出米設廠鳳山寺平糶七旬

民賴無餒郭尚先勒石以誌
莆民食歲豐則裕歉則飢故水利之興為莆田命
脈而人工之勤惰次之平糶之舉一時補苴下策
耳此次善舉出於紳士自動陳俞二守受其成然
殷户出來則村民無閑糶奸商不居守是亦救災
之一法也置倉積穀其為要政可知矣
七八月全省霍亂流行
道光二年壬午正月初三日地大震

道光三年癸未六七月間霍亂流行
八月十五日夜有星自東而南流光照地如月十七
日有星大如圓笠其光照地如月漸没於西二十二
日彗星見長二丈
二十六日彗星又見東北方有白氣一條貫之二十
八日彗末有三星大如掌
九月初二日五色虹見
十月十五日夜五更地大震

道光六年丙戌天降黄雨至地視之似鉛丹

八月初八夜蚩尤星見一時而滅

十二月有六七星從西飛過十九日夜地大震大雨

道光七年丁亥七月東角遮浪隄壞八百餘文福州

府同知陸我嵩知縣王廷燊發南洋民夫數千人搶

築凡八日而畢

九月閩浙總督孫爾準奏復水利檄知府徐鑑通判

袁鴻同知陸我嵩知縣王廷燊督修聘邑人陳池養

董其事青龍港塡塞更築石隄一千一百十四丈設
東西兩石涵洩水
道光八年戊子五月築附石土隄一千一百四十丈
又築水埠内隄一千餘丈採運亂石十餘萬担護隄
址以禦海潮十二月工竣總督孫爾準親臨勘視覆
奏亂石護隄孫夫人捐金為之
六月十三日五色雲見壺山頂
七月總督孫爾準奏准倡修木蘭陂錢妃廟列入祀

典每年於東作方興之時地方官致祭一次

道光九年己丑編保甲調查戶口（道光福建省志）

分查門牌核實土著流寓戶灶戶屯戶共八萬四

千二百六十三戶男婦大小丁口總共三十九萬

四千九百九十七名

道光十年庚寅六月初七日夜有星自東北流西南

其光照地如月七月初七日壺頂山五色雲見

是歲旱

道光十二年壬辰八月二十日風潮大作
米價昂城鄉如沸富民分糶官發常平倉濟之幸
得無事
次年癸巳奏准撥漕浙五萬石及採買米二萬石協
濟民食
道光十五年乙未冬稻傷
道光十六年丙申旱時江浙米賤採買接濟民食無
虧

道光十八年戊戌溪頂奸民結烏白旗連及南北洋無村不結合以為械鬥準備慎餘書室文集

烏白旗之害自此始矣各村連結以自衛也備械鬥則俗弊矣故書以識之

道光二十四年甲辰春淫雨歲歉青黃不接之時米每觔錢四十文

道光二十五年乙巳歲又歉

道光二十六年丙午夏秋大水晚禾絕粒

時官倉蓋藏絕少商運阻於海匯幸二麥大熟將以支持民食米每觔錢三十文蕃薯每觔六文

秋大雨水漲城西北及城南向外塌壞兩處

道光三十年庚戌十二月動工修城邑人陳池養董其事

城缺縣學一段府學前一段時太平軍亂及閩故陳池養倡議修城未幾遂有林俊攻城之莆城獲完由事先有備也書以美之慎餘書屋文集

咸豐元年己亥正月十三日大雷雨入夜更甚

閏八月至二年十二月不雨諸泉皆竭井汲尤艱

咸豐三年癸丑設團練局

四月邑人把總朱伏豹在永春勦匪陣亡

德化武生俊反閩省上下游皆會匪連陷屬縣命總兵郭仁布統興化長福左右營軍暨首標各營進勦王靖毅年譜

六月大水巡撫王懿德委員賫銀米賑濟王靖毅年譜

八月王懿德出師由興化之泉州飭參將瑞文通判
其昌守永春白鴿嶺賊繞道攻陷仙遊瑞文其昌遁
回王靖毅年譜
九月一日林俊攻興化城以竹梯傅城七日不克遁
回仙遊
九月二十二日林俊又大舉圍興化城至十月十五
日敗走
時知府俞鏞芬解琉球貢入京知縣賴晉兼攝府

篆邑人陳池養以團練早為戰守之備賊圍城西南東三門皆閉留北門以通涵江池養親自登陣澈夜分巡居民每夜戶一人登陣城堞點油下燈照賊造雲梯傳城守者以槊刺之城高不能上夜賊數人由中所登城貢生廖某覺之大呼守兵防禦賊退（慎餘書屋文集）

十月新度村舉人張太原率子尹仲集義勇隊助戰旗幟藍色以别於烏白旗後懼解圍而去溪頂義民

許捷南截獲賊三百餘人獻俘入城官命就南門外
城下決之賊俛首就誅慎餘書屋文集

十一月林俊尚踞仙遊呂大陞移兵仙遊約總兵鍾
寶三由興化夾擊

參將瑞文通判其昌率兵入仙遊死于難慎餘書屋文集
瑞文兵由菖溪下何嶺入仙遊東鄉或告以危道
瑞不應烏白旗助賊戕瑞文紿其昌改道至東門
外伏兵出其昌力戰死之書死于難以是時城圍

已解非為城死也

王懿德由興化旋省界尾塘邊等鄉烏白旗復滋事屢敗官兵 舌擊編

咸豐四年丙寅二月蠲免上年被兵之莆田等縣新舊賦額有差 王靖毅年譜

十二月興化協副將琳潤與仙遊令丁嘉譯獲逆黨郭林黃蒲許春三名郭林隨林俊最久供稱官兵乘勝焚燒林俊寶已燒斃 王靖毅年譜

傚之變由勒配鹽斤而起時太平亂熾官府力漸
滅奸民生心傚一武生跡躡三邑適時始滅或曰
適去為僧民匿之也
咸豐七年丁巳粵匪入閩陷光澤土匪乘間起沙縣
尤溪上杭武平漳平甯洋平和莆田等縣總督王懿
德自劾（王靖毅年譜）
時莆邑土匪四起潛伏城中夜出搶掠舊西門街
一帶民居稠密無夜不被匪掠畢縋城出各戶懼

之拆屋他徙不數月撤盡一片荒凉府學前署提督林如龍家兩次被劫報諸官〻聞警出鳴鑼開道匪已遠颺有左所營老婦獨居每早市必買魚肉蔬菜盈筐人疑之報官搜其家果獲巨匪數人所掠銀物置於小西湖中堰右破屋二棺中官焚其屋匪患乃絕

五月蠲免莆田等縣被擾地方節年丁耗銀米（東華錄）

咸豐八年戊午七月縣丞方晉德統帶興化勇五百

人至政和縣守城

時洪楊餘黨翼王石達開引兵圍政和調海壇鎮游擊袁良援之戰甚力七月初一日又調海壇練營興化勇往援初九日至城外與賊戰死失一人粵兵死傷不知其數是夜入城合烽火營詔安勇共三千七百人登埤固守內外砲聲震天日夜不息十三日翼王引兵退政和圍解（政和縣志稿）

咸豐九年己未十二月興化營兵以鬧餉滋事城汛

千總張進祿解省訊辦旋釋歸

時值軍興司庫餉銀支絀未能依期發放倉米亦未發給適興化府蕭作霖公出兵士截途索餉毀其輿轎作霖逃入林紳揚祖家事連左營千總進祿奉令解省訊問進祿以士兵索餉已不能制止係屬公罪上官然其說釋歸張進祿履歷

咸豐十年庚申十二月烏白旗滋事斃糧差何捷金埋屍海灘把總吳春芳率兵辦鬥案駐溪泉村洋尾

村民率衆拒之敗官兵

咸豐十一年辛酉五月十日官兵勦洋尾燒民房四座洋尾村人辟難逃西洪村張進祿獲歷時烏白旗乘機擁入洋尾折去其屋

六月二十三日颶風大起拔木摧屋城中石坊倒數座聲如巨雷

官兵以西洪與洋尾同係烏旗派兵入西洪村人拒之焚其屋數座下午颶風大起官疑西洪有冤

撤兵回城越三時風止贖緣緝獲泰四鄭提十一

多名置於法採訪錄

十一月莆田報捷王靖毅年譜

著匪藩僅就擒

米價昂貴邑人陳池養請分撥泉州祥芝深滬營米

載回六千石以上運涵江港城涵各半平糶

蠲免莆田等處被擾地方新舊賦額東華錄

同治元年壬戌六月調興化營兵助剿彰化戴萬生

之亂東華錄

時興化營兵以渡台為苦多方營求脫軍籍

同治四年乙丑五月閩浙總督左宗棠率兵赴漳討平洪黨道經興化東華錄

十月左宗棠與巡撫徐宗幹會奏興泉永各屬小刀會匪黨素為民害經派兵勦捕將首要各犯次第擒斬東華錄

同治五年丙寅正月左宗棠派員分赴汀漳興泉一

帶查辦土匪左恪靖伯奏稿

時溪頂一帶土匪橫行白晝發掘墳墓提督駱大春率兵駐莆派參將簡某分赴各鄉捕匪凡被控三案者視為著匪指名令紳耆限日送案否則施以連坐法故匪在遠地鄉人亦必購線拘捕無漏網者巨匪以莒溪為根據地官軍圍攻兩月不克後會師由仙遊何嶺御史嶺三路包抄莒溪寨破斬馘二百餘人匪亂平官軍退莒溪染疫死者八

數與受戮者相等

十月左宗棠奏摘興化土匪事後各軍分辦各屬土匪就緒左恪靖伯奏稿

同治十一年壬申童生罷考鬧場治武舉黃作邦罪發往軍台効力生員武文明監省獄死廩生翁兆蘭許龍光褫革

時金橋鄭某辦理糧務糧差勒索鄉民武童生鼓動罷考學使令府縣詳辦生黃作邦罪生員武文

明夾斃按察司獄廩生翁兆蘭許龍光褫革衣頂

大清律例

同治十三年甲戌廩生張志成以違犯場規褫革禁

斃按察司獄內

時廩生以鄭某案株累多人相約不保鄭家子侄

應試草案出鄭某有名張志成在場逐鄭某為學

使所見交縣訊治褫革衣頂禁按察司獄斃

八月大水

光緒五年己卯知莆田縣潘文鳳補刻乾隆縣志

英吉利人始入莆傳教

初賃龍門下民房為教堂旋建禮拜堂於太平山

光緒九年癸未六月二十一日申時地大震

八月夜四鼓蚩尤星見於東方

星大如球煙三寸長三丈餘寬如匹練尾散如帚

光芒如月至九月漸淡

光緒十年甲申編保甲

時法人寇沿海閩中戒嚴編保甲每十家豎一旗
按戶輪值週而復始設團練於鳳山寺派邑人楊
中楷黃中瓚總之招團兵四十名習槍刀籐牌
巡道劉倬雲帶達字營新兵駐莆查辦械鬥
時法寇馬江海軍殲焉朝命議和莆始解嚴仍派
劉倬雲兵防堵以辦械鬥為名恐礙和議也紳士
林壽熙因東湖章江等村新壅沙洲居民爭墾赴
轅稟請由官墾由收租以充書院膏伙奉批准派

撥營勇前往築隄開墾得田四百九十七畝零梭段大量分為文運昌明人才蔚起八字分給洞湖章江海尾南箕清江五村農民承佃以文起兩字號田一百五十一畝五分零撥充興安書院膏伙昌才兩字號田一百五十畝九分零撥充擢英書院膏伙運明人蔚四字號田一百九十五畝零撥充賓興盤費以兵築隄民不勞而地方受益至今學校經費取資焉劉公之遺澤遠矣徐承禧治莆事略撫存

光緒十一年乙酉五月知興化府施啟宗倡建四門
城樓補完雉碟建窩鋪二十七所
舉人宋玉祥林兆麒郭連城陳清華楊中楷董其
事費五千元知縣徐承禧以械鬥罰款充之
光緒十二年丙戌十月梅峰鐘樓火徐承禧治莆事略摭存
劉倬雲移防兵士遺火於鐘樓下巳時大發古鐘
燬焉
光緒十三年丁亥邑人張進祿率兵圍園赤岐村縛

海盜張知置於法
知莆田縣徐承禧以東門大有倉舊址建莆田縣城
隍廟
時械鬥罰款甚多借建築報銷非亟務也
刻柯竹岩文集
承禧對人云柯潛為城隍神故立廟之後繼以刻
集。
清文古山阪頭雨村沙田

陂頭地淡水不至許民按畝繳資向官購買古山
浪田撥充書院經費
光緒十四年戊子霍亂疫起涵江尤重
光緒十五年己丑後角民人陳興十八拒捕殺楚軍
一人張進祿帶兵圍捕興自縛請罪置於法
光緒十六年庚戌三月閩總督卞寶第奏請南日設
防不報
奏略云南日地方周圍八十餘里海中孤懸一島

素為匪盜出没之區該處雖海壇營派兵三十名兵少匪多不敷巡緝同治五年水師提督李成謀咨商前督臣左宗棠於海壇撥守備帶兵二百名赴南日駐紮旋議將海壇右營解為都督移駐南日而李成謀調補長江水師提督嗣署海壇鎮總兵翰鎮海盡翻其說頓罷前議查閱鎮海稟詞多妄如所稟南日距海壇水洋三百餘里呼應不靈實值一百二十里順風半日可達茲據彭楚漢咨

商撥就南日建造兵房十數間外築四方圍墻仿照營壘規制於海壇水師協標内撥派一哨九十名駐紮庶海壇可期安謐奉知下部知之不報（東華錄）

按南日一島清代隸福清縣十之七隸莆田十之三海匪出泊航行之同治光緒兩朝左宗棠下寶第兩督臣雖屢議設營而部議視為不足輕重以致海疆門户洞開至改革後屢次改隸不常遂為倭寇沿海寄椗之所海壇南日兩島屢次失陷近

日南日全島改隸莆田特書卞奏於左以資考鑑

十月沙田局截東湖海中沙洲北港得田六百畝由村民開墾築隄撥十分之二充興安擢英書院膏伙時章江築隄阮畢尚有沙洲一段在海道中央海流環洲而行分南北兩港南港深而北港淺村民何敢紫等稟縣以北港天然淤積加以截築開墾成田以十分之二充作地方善舉經派舉人楊中楷郭連城黃中瓚爲沙田局董事截斷港北海流

准歸南箕江濱珠墩三村墾築得田六百畝照議
撥成為興安擢英書院膏伙徐承禧治莆事略摭存
光緒十八年壬辰七月旱村民入城祈雨滋事
泌后渭庄村民祈雨抬神像於莆田縣署大堂知
縣朱幹隆遲出拈香村民以紙旛擊其纓笠衙吏
大呼毆官朱遽入內九月朱幹隆派兵勒辦渭庄
黃姓富戶蹂躪尤甚勒罰八千元黃紀元訴於省
朱撤任以下近事皆採訪錄及康愛其大事記

十一月二十七日夜大雪
山林瓦屋皆白平地雪深尺許越四日始消荔枝
龍眼樹多凍死
知興化府李耀奎修興化府學整音樂器
聘永春教師招童生六十人肄習名為佾生免府
縣試送院
光緒十九年癸巳平壤釁起興化奉令戒嚴
九月知府李耀奎檢閱興協左右營

以知府檢閱異數也

光緒二十年甲午五月二十六日大雨傾盆城中平地水深數尺

木蘭陂水迴瀾

光緒二十一年乙未鼠疫起

初由梨園子弟在楓亭傳染載歸已死船泊河濱數日之內河濱人染疫死者十餘人蔓延全城死百餘人以次傳染鄉村

光緒二十二年丙申涵江設電報局

三江口開港商人祖紀攝丸日小輪行駛莆興航路

光緒二十四年丁酉詔頒新法興安擢英書院改課

策論旋罷

知興化府張僖卒于任

僖提倡新學愛士恤民購武英殿聚珍板書藏于

府學櫬歸士民送者數百人

光緒二十七年辛丑知莆田縣蔣唐祐立小學堂於

鳳山寺
聘邑紳主事張壽祺為監督舉人林鴻儔為漢文教習福州陳某為英文算學教習招學生四十名古山人贖回浪田繳一千四百元撥充開辦費

冬旱
知興化府玉貴知縣蔣唐祐命修濬溝渠時溝道沙淤徵工開掘盡放溝水入海書院生李樹敏條陳放水之害玉貴怒笞入邑諸生不平訴

諸省次年二月書院開課無一至者

光緒二十八年壬寅蔣唐祐派捐操切縻生翁桐豫

生員劉玉麟陳步瀛廖春聲鄭金聲等訴於省閩浙

總督以事不干己褫革之

時邑紳江春霖在籍囑士紳續告以救被革諸生

舉人蕭濬頤武舉鄭廷憲老民林以惠率衆數百

人赴府具訴玉貴意在袒蔣開廷審理士民不期

雲集四千餘人府署為塞各跪階下呼冤玉貴不

敢深究詳督府委卸已責

正月二十六日蔣唐祐懷印逃

時旱象已成謠言日甚蔣唐祐急懷印早晨上省有人縛草人挂縣庭大樹觀者愈集愈多縣門道塞勢甚岌岌通判楊萬青徒步到縣痛哭開諭眾始散蕭濬頤鄭廷憲二人追至三江口輪船已開駛遺轎馬岸上二人乘之而還省接電報以唐祐激變派楊萬清兼攝縣事唐祐在船上風霧阻滯

經六日船到省始知撤任遣人交卸

四月初八日大雨

時春旱廢耕靡神不禱大所張聖君像至北門示

四日雨久而不驗是日送神像回忽陰雲四合大

雨傾注而下始悟乩筆四字草書畢乩再雨下為

回字也但旱禾已生節不能收成

士紳請移書院款到滬採米平糶

米價每觔五十餘錢士紳請以停考書院款託滙

商黃姓到滬購米平糶三個月乃停

省派劉錫渠知縣事

以劉曾知莆邑熟民情也

五月省派知府王貢候補道柯欣時參將江孝全統

領唐炳焜帶兵彈壓仙遊民變

仙遊知縣王士俊以買捐激變省派大員帶兵鎮

壓焚燬傳園東渡民舍數十座御史李灼華參劾

總督許應騤按察司楊文鼎道員孫道仁及興化

府王貫知縣蔣唐祐王士俊等廷旨交兩江總督
張之洞查辦許應騤開缺楊文鼎降調蔣唐祐革
職江孝全王士俊發往軍臺効力贖罪
光緒二十九年癸卯二月邑人黃縵開辦崇實中學堂
於涵江知興化府賓康不許立案
時革命新書由上海輸入崇實中學堂學生入上
海福建學會二十餘人事為賓康所聞不許立案
涵江設郵政局

九月邑人涂開渠設立礪青小學校 堂李樹本設立

普通小學堂

光緒三十年甲辰五月大雨傾注木蘭陂水迴瀾

冬十月邑人御史江春霖電興化府寶康設立興郡

中學堂

光緒三十一年乙巳寶康調建寧府以賴韡煌署知

興化府事命莆田縣甯雲漢仙遊縣楊文瑩合籌經

費設立興郡中學堂

光緒三十二年丙午四月初五日興郡中學堂開學
招學生八十人
七月初八日邑人御史江春霖具奏莆田田賦不均
廷旨交總督松壽議覆
初民人林應同赴都察院具控田賦苛勒批立案
不行遞解回籍覊於按察司獄內已而舉人陳玉
章生員俞桂科等續控不已春霖具奏莆田田賦
不均請重定稅則省委（派）員黃逢年到莆數次與玉

章等會紳會議未定

九月有暴徒放火燒中學堂校門丁役知覺撲滅

十月福建提學使姚文焯派劉崇傑饒滇祥視學

光緒三十二年丁未官立小學堂與礪青小學合併

五月東華村人率衆夜焚龍華村房屋十餘座焚斃

十四人

七月東山關文小學城通德小學涵江鑄新小學相

繼設立

知興化府梁冠澄設禁煙局

九月初六日江春霖奏請飭限期清理田賦

莆田丁糧皆吏胥包辦年征四萬三千兩分十一櫃按卯完糧城涵東陽櫃大戶糧差先支繳卯每兩額納銀二元小戶則有每錢納數元者糧差借端苛勒至是省委名集縣紳會議不論大小戶每兩納銀幣二元另加三角為徵收費截通判缺將糧米並由縣征收米每石五元五角徵收費每石

米加四角議定米錢糧胥隸兩照獻議加票水胥每張二十文一兩為一張剩餘錢以上亦票一張分釐以上又票一張米每石一張升合又一張每年可增加票水六千餘元

宣統元年己酉七月五日大水七晝夜方退田禾失收

七月二十七日夜大風台灣府小輪船泊福清松下港遇風沉沒莆人應優拔試及考職之生員溺斃十九

人商人搭客溺斃二十餘人
宣統二年庚戌二月江春霖奏劾慶親王袁世凱及
督撫十餘人奉旨回原衙行走春霖呈請歸養
春霖歸囊無餘錢同列臺諫劇一千二百元為贈
春霖辭賣書而歸京津上海福州到處開會歡迎
到會者均數萬人為御史臺未有之榮譽
九月彗星暮見西南長八九尺次年二月始滅
設巡警講習所於通判廢署以邑人黃中瓚為所長

設禁煙局以邑人吳鴻濱爲總辦陳樵副之樵任事果決破獲煙館甚多重罰之適警察畢業派在城市站崗警士取締菜攤凡肩挑負販歇在道旁者皆收銅元十枚否則將挑担踢倒狼籍滿地市民公憤罷市煙民乘機肆擾集聚數百人擊毀崗位焚警察講習所并及西洲陳樵宅圍擊吳鴻濱住屋興化知府韓方朴興化協鎮余開桑派兵彈壓衆始解散陳樵乘間往福州未久遂參與

革命之役

十月十九日福州革命軍起閩浙總督松壽奉朝旨促江春霖就宣使職春霖潛往黃蘖寺辟之新任福建提督孫道仁起兵光復閩省被舉為都督

十月二十二日改用黃帝紀元

福建都督孫道仁派萬國發來莆安民知府韓方朴知縣劉喬經皆去職

林師肇葉聲等回莆組織治安會舉黃紀星為會長

師肇與葉聲林一杏宗承袁等在省率學生軍攻
于山將軍樸壽被擒與有勞焉急回莆本欲組織
閩南都督府舉韓方朴為都督嗣以衆議紛紜乃
靜候省令而萬國發已自省回莆在東行練營開
會結果乃於興化府學組織治安會
萬國發招哥老會加入同盟會匪首黄濂參加組織
北伐軍會南北和議成奉令遣散
濂本刀會首領光緒之季知縣易簡捕置之獄濂

賄獄卒詐稱已死屍陳署門待驗尚未掩埋時在十二月廿五日俗忌凶事無人敢近夜間乘間逃脫萬國發本湖南哥老會莆之潘增潵楊萬順皆其黨羽招濂入會以助聲勢遂為壺亂嚆矢

論曰學術之於人材振起在百年以前收效恒在百年以後一國然一鄉一邑亦然元世以異族入主中國莆人相戒不仕然不百年而光復故物至明而漢族再興明之鼎革魯王鄭成功在海上莆田兵禍

之慘垂三十餘年至康熙朝以文學同化中國莆田登鴻博科者二人文學猶未衰謝也乾隆之世文學獄起莆之違礙書籍燬板者十數家林子龍江之書與教並禁至是學術替矣嘉道以後專騖科舉揣摩學術空疏莫之能振又百餘年矣山榛濕苓能無思試

通紀七

中華民國元年壬子改用新曆

時十一月也用陽曆紀元

二月舉闞陳蓉林翰為福建省臨時省議會議員由

省議會舉林翰為臨時參議院議員

撤壓金各小卡祇留涵江總局

五月黃濂鄭火灰七率眾數百人夜襲莆城至東門

折回

北伐軍解散黃濂無所附因而蠢動有約為內應

者濂至東門天將明門未啟懼而折回　知府余文

藻捕宋興鄭十五亢置於法

黃濂聚眾於壺公山

時福州人士有驅逐彭壽松之議濂乘機以興閩滅楚為名嘯聚壺山之麓每夜放火號召城中戒嚴

知府余文藻協鎮楊春華召集各界在鼓樓設立團練局

鼓樓設局本無一兵祗潤口村組織鄉民二十名

守望是時人多複雜有暗通匪信者每議一事匪
必知之團練局不能有所舉動
七月六日佘文藻率兵攻壺山敗回
城中訛傳匪至紳士陳其殷倉皇逃省以候補資
格補臨時省議會議員
孫道仁派團長孫葆鎔帶兵來莆相機勦撫
葆鎔意在先撫邀紳士張琴陳清鄉到錦墩招撫
濂不受撫

九月二十五日黎明黃濂率眾二千餘人攻城孫蓀銘開南門迎擊敗之

匪在黃石謀攻城期在九月廿三夜前二日張琴偵知消息與宋煥星約營長黃斌椅連長陳廣霖開萬里砲兵連長陳某在府學開會預為戒備濂因眾未集改廿四夜而蓀銘已由省返防廿五日早晨五時濂因瀾口有鄉團改由元豐橋渡海集於霞林村進踞淅江廟開砲彈落城內張琴急至

南門察視城已盡開以守門人約為内應也嚴令閉門城砲兵連居南門樓者已奉令預備開放告之曰匪衆圍城若由北門出單械在途不患匪繳耶連長乃止商置大砲於城壘正對南門外濠橋以防之布置定告於余文藻時協鎮楊春華知縣左鍾嶽皆楚人也孫葆鎔未出兵文藻心疑之跣足往見葆鎔正在整頓部伍下令出城以四十名衝鋒已交十時矣匪衆因夜行無睡至浙江廟縱

橫僵臥不期官兵至遂敗退城圍解下午一時斬馘十四人以竿繫首級皆有髮辮者也凱唱入城所獲多人訊問認供有某村十六歲童子拾盤倉手簿一本認爲從匪有據并斬之共六人餘保釋

十月六日孫葆鎔派兵往盤山圍殘匪士兵鄭杰陣亡

十月二十三日孫葆鎔兵駐前張村勦匪黃濂率衆拒捕敗退

蓀鎔蹈綱山為陣濂匪在溝尾拒之蓀鎔新軍砲大猛烈相持二小時匪徒不支敗退容兵日暮不敢窮追乃回城

十一月袁世凱派岑春煊來閩鎮撫彭壽松逃走余文藻解職以蔣忠銓權興化府事

岑春煊派前福寧鎮總兵吳鼎亟請江春霖招撫黃濂

蔣忠銓召集各界在興化中學校開會議撫勦事

宜議論不一春霖入城寓梅峰孫孫鎔蔣忠銓堅
請一行到溝尾村濂來見跪曰大人救我春霖諭
先解散脅從後請政府授軍職并赦前罪濂自以
不諳國語且各界意見不一仍懷疑懼但三十六
鄉人經春霖勸令納糧各鄉老具不再從匪切結
覆命濂衆遂離壺山
岑春煊函春霖書略云奉函亂由激成非民之罪
先生一出片言感動納糧者千餘家當即電達總

統以見國有君子民實賴之今者總統來電文曰
務福建鎮撫使岑春煊電稱興化土匪均屬無知
抗糧攻城實由激變前專使致江紳春霖請其開
導解勸數日之內納糧者千餘家閩電之餘深為
嘉慰該紳直聲素著鄉望尤孚為大總統所深悉
此次投袂解紛片言弭亂具見忠信篤敬素裕平
時故感化閭里如響斯應務望顧全大局勉事拊
循以成克終之美事竣之後并望惠然肯來資我

於式置醴擁彗跂予望之春煊竊惟民國成立匹
夫有責先生誼篤維桑躬親排難毋亦謂父母之
邦不忍生視推而廣之四海皆兄弟也戴胥及溺
豈忍恝然昨得黃濂申訴一呈歷數佘文藻虐政
以自明非匪或決意投誠又得吳委員鼎報告知
招撫條件已經公決并限定期先生認為可行益
感維持之盛意春煊雖責在勦匪私心自矢不願
妄戮一人況變由激成但能悔悟投誠亦應末減

其罪惟先生審慎而行之梅陽文集附

民國二年癸丑一月岑春煊離閩江春霖以歲暮歸

梅陽

春霖覆岑春煊略云信使遠臨委以解散土匪誼關桑梓責無可辭勉効馳驅豈求聞達不謂萬之大總統乃以納糧之衆為春霖功無論民之納糧懾於兵威功不可冒即使真實無妄藉為要功之地不幾盡舉其生平而棄之哉大總統來電曰直

聲素著衆望尤孚一士匪耳春霖出撫而衆主勦則聲直而望未孚也曰投袂解紛片言弭亂三十六卿雖已解散而黃濂潛伏嘯聚則紛解而亂未弭也曰忠信篤敬素裕平時見信於鄉人而不見信於士大夫則反身有不誠也曰勉事拊循以成克終之美則匪方解散衆復請辦欲拊循之無可拊循也執事引四海兄弟之義責春霖不過為春霖不出執事則既出矣出未二月而引疾以退其

累疾乎抑亦衆口謡諑而事之掣肘者多乎春霖
伏處山林雖使無益於時無聞於後猶庶幾存廉
退之節聞執事已辭職回滬攝養而大總統之電賓
寄執事望術念神交善為辭焉梅陽文集
哉興化府缺
興化府署東吏舍大大文卷燬
第五區選舉張琴為衆議院議員林翰張景棠陳乃
元林師肇為省議會議員

春黃濂率衆擾笏石孫葆銘率兵清勦濂敗走濂離壺山後率衆踞忠門岳兜寺以保護煙苗免除苛捐為號名附近居民附和之勢復振謀由大崙進踞笏石孫葆銘派兵清勦焚大崙村民居二十餘座出示各鄉脅從者具結自新限三月内拔去煙苗不咎既往請張琴朱訓彝到笏石勸諭各村具結者百餘起濂以忠門無立足地走赤岐村村民受惑始終抗命

都督孫道仁派軍艦封鎖海道與孫葆鎔會勦赤岐

孫葆鎔派兵到赤岐赤岐民眾持械盡出鐵爐村

抗拒俄聞海軍已登岸焚燬房屋大懼而散匪走

山間官兵入村大掠二日焚民房十餘座濂竟以

身免

夏黃濂率眾陷仙遊城省命黃培松會同團長沈國

英擊敗之

時孫葆鎔已調陞第十一旅々長所遺團長缺以

沈國英任之濂陷仙遊財物無所取惟縣學尊經閣書籍俱遭燬棄黄培松帶兵自南門虎嘯山射擊北門城上濂衆不能立足官兵用木梯蟻附登城遂復仙遊匪散

秋都督孫道仁派鄭必明招撫黄濂議員林師肇蔣生員江露往撫露報黄濂已死

九月縣知事甯雲漢驗黄濂死屍不實執江露殺之濂實病故露親見棺斂置古墓中遂稟縣濂死甯

雲漢往驗匪徒恐其開棺戮屍暗以他柩易之雲漢開棺見屍已陳化僅年餘骨骸以露為証罔置於法師肇逃往南洋

民國三年甲寅本縣派公債三萬元政府派募公債自此始

五月六日大水

城內水深八九尺城門不開南門外民居漂倒二十餘座

閏五月大水壞溝尾隄

溝尾隄為北洋衆水所趨縣派陳清鄭督修清鄭就上游窄處築之兩次不成費四千餘元省派工程師測量修石隄估費十六萬元欵無出丞商家請江春霖督修相度形勢就陳橋築堰以截白塘西行之水次築吳橋堰以截北來之水次築東墩堰黃溝港堰樟橋堰五堰成然後修隄閏時四個月十一月隄成

民國四年乙卯福建巡按使許世英以修隄功請授
江春霖四等嘉禾章辭不受
春霖辭勳章略云奉九月初二日鈞函此次莆邑
隄功深荷擘劃克底於成造福農民實非淺鮮呈
奉大總統給予四等嘉禾章不虞之譽猥荷上陳
賞賚有加榮幸無既但春霖輾轉思維有必不敢
受者霖自歸養日已有之推隱綿之句近蓄髮道
裝形骸自放若以事受賞內不顧其言外不稱其

服不敢受一莆田僻在一隅此隄又一隅之一而
得四等嘉禾章功小賞大不敢受二貪功竊財皆
謂之盜隄功需費取諸官民衆人捐輸一人得奬
迹類竊財不敢受三好利真小人好名僞君子僞
之與真相去有幾不敢受四官制久更前清資格
豈宜藉以邀新邦之賞名曰等級相符實則僭濫
莫甚不敢受五木蘭韓孀春霖皆欲引為己任遂
以此邀賞設再任事人或疑再覬三等二等一等

之賞終南捷徑何辭自解不敢受六名器者國家所以奔走天下士自問何人敢懷芥視綫脫之心而出處殊途取合有義推之薜蘿鮮恥芳杜厚顔不免北山移文之誚弗推則委大總統之惠於草莽恐輕褻名器而傲慢不恭之罪無所逃於兩間也敢布下忱代達務懇收回策令俾春霖得援黃冠備顧問之例優遊林下侍老親以天年則受賜多矣梅陽文集

民國五年丙辰楊持平約鄭去病在壺山秘密集會

招義軍討袁以洪憲撤銷中止

民國六年丁巳冬閩清許本多在篠唐民家秘密開

會謀舉義護法營長江濤與會縣知事劉瀅榛知之

江濤懼誘本多入城殺之

民國七年戊午仙遊張兆麒響應護法軍逐仙遊知

縣姚有則莆田戒嚴四城門出入檢查甚密

時德化朱德才杜起雲永春陶質彬相繼起兵響

應粵軍江濤與劉蔭椿執不相能遂率軍赴仙遊
與張兆麒合
八月張兆麒率兵攻莆田楊持平鄒去病楊雷霆紛
起響應攻城不克
兆麒仙遊杳亭里人兵次廣化寺中流彈死
北政府派模範團耿錫齡援莆守江營長程經邦
守莆城兵敗以營長梁彥章代之
程經邦守莆城率兵至溪頂追民軍楊雷霆在可

溪截擊敗之追至南門經邦率兵入城城門堅閉
楊持平率安溪兵楊漢烈至莆與鄭去病佔領黃石
楊雷霆率兵敗北軍於新度
梁彥章開城焚南門外民居四十家
彥章守城民軍在南門外開槍入城彥章以民房
為障礙故焚之
粵軍許崇智率兵攻涵江令朱得才杜起雲陶質彬
等督率民軍攻莆城

崇智週視全莆形勢以莆城堅不可攻須先攻涵
以斷與榕聯絡之路設司令部於吳塘令謝文炳
楊雷霆等攻涵江頂鋪陶賀彬宋得才杜起雲等
率仙遊民軍圍莆城八十餘日
耿錫齡輸送子彈入城鄒去病偵知之伏四亭截奪
為北軍所敗
李厚基派沈國英招撫江濤
濤在仙遊不為民軍所容遂就撫由涵海下戰艦

率兵回福州

南北停戰議和莆田縣知事劉蔭榛請英籍醫士華偕紳士關陳謩林及鋒商會長林君漢等十二人到英塘商許崇智停戰不得要領

時廣東軍政府已下令停戰暗令護法各軍須在命令未到前攻下所圍城邑故許崇智攻涵江日夜不停耿錫齡子彈告竭將撤退既而粵軍砲聲亦稀遂決意堅守華醫士請雙方停戰莆人涂開

渠林師肇在許部下不能同意延至次日王獻臣援兵已到粵軍遂放棄攻城戰略下令撤退楊持平與許崇智意見不合派人請予彈許不與派人約持平攻直奔持平至寧海橋而止欲伺耿許兩敗然後坐收其利不虞王獻臣援兵已到也

許崇智兵退永安王獻臣率兵入莆城各路民軍皆退住仙遊莆城圍解

楊持平兵踞黄石王獻臣率兵進攻克之

献臣早晨率兵三路进攻黄石一路由集奎进攻

宁海一路由渠头进前张一路由岳公桥进沙坂

持平孤立无援率兵退安溪杨汉烈所部王光汉

被追至五龙渡水船覆溺死四十余人莆田平

华宾介绍南北两军以莆仙县界为防地不相侵犯

听候和议

十一月耿锡龄捕黄国桢杀之

国桢兴郭去病有戚属关系民军败乃赴省清乡

督辦薩鎮冰黃培松派國楨為清鄉委員過涵江時耿錫齡捕之交程經邦訊問即日殺之於樓下街罪狀不明

民國九年庚申省令拔除煙苗劉蔭椿按鄉罰款被控告免職

民國十年辛酉四月王獻臣收編林壽國張兆鵬所部民軍駐元妙觀

前下七團盟兵團長殷銘義派民工掘渠欲由前下

場通至笏石以利鹽運工鉅未成中止
民國十一年壬戌七月王獻臣率兵援粵
粵東路討賊軍許崇智入閩莆田縣知事李鴻籌
遁
許崇智率兵至省李厚基逃海軍艦内鴻籌聞風
遁
十一月許崇智派李基鴻為莆仙善後處處長劉志
達率兵駐莆未幾回粵

許崇智派孫本我為旅長率兵駐莆盧家駒為縣知
事豐兵曹家彥殷銘義二團皆受編
十二月仙遊民軍吳威永春民軍林懷瑜皆至莆受
編許崇智并委為旅長
民國十二年癸亥一月許崇智率兵回粵討賊派師
長龔師曾留後張天鳴為莆田縣知事
天鳴欲破除迷信召匠毀郡城隍廟忽奉回粵之
令不果

二月十一日龔師曾率兵回粵楊化昭派高義入城
民軍羅鈞守北門拒之敗走高義入城次日回泉州
王煥東旅長入城楊化昭任莆人黄緗爲縣知事
王永泉爲福建軍務幫辦派莆田煙苗捐二十萬元
經各界反對改爲按畝收捐
九月颶風大作覆沿海漁船無數
華僑及旅京人士籌款賑濟莆分配四千元
十二月孫傳芳由延平回師襲福州王永泉出走涵

江

孫傳芳與王永泉同城勢不相下傳芳揚言入浙永泉喜以軍火物資贈之傳芳踞延平回師攻福州永泉出走涵江初欲據興化有幕客言興化非用武地乃改由海道至廈門轉輪船赴滬

旅長姜明經率殘部來莆何標率民軍入西門與之巷戰敗之

時姜軍駐鳳山寺民軍自畫錦鋪攻之鳳山寺一

帶彈丸雨集未幾姜軍敗退軍需盡爲民軍所獲
何橾入縣署將案卷盡焚
民國十三年甲子一月周蔭人旅長派董勝標駐莆
張毅在泉州江東橋兵敗殘部駐廣化寺搶掠南門
內人家
毅殘部有携槍私賣者被他兵所知在郭大司馬
第內搜出一枝兵士將鄰居各家遍行搜掠
七月大水溝尾隄壞知莆田縣李德元派張琴陳杰

人江祖蓮會同修復

八月二十四日隄工合港是夜大風雨吳橋壞崩大

水直冲新隄〻又壞越日再修

十月二十四日二次合港滿尾隄工完

此次隄崩二十三丈惟三年江春霖所修一段屹

立如故工程之鉅與三年相同桐雲軒文集

土匪四出擄人官不能禁

自討賊軍回粵後莆遍地土匪莆人在 上海營商

者暗嘿手槍木殼槍藏之艙底由小嶼東沙輸入內
地故土匪如毛擾亂莆地者十餘年
民國十四年乙丑十月十三日董勝標在常泰收編
陳杰所部槍殺四十餘人介紹人關陳藝傷右臂新
聞記者林及鋒中彈斃紳士林炳輝受微傷同日團
長馬克常收編林步飛所部槍殺二百餘人繳槍八
百餘桿
初英國醫士華寶介紹民軍受編甫有成議而華

實回國嶺下吳舜廷茅漢陳壽民乃請闞陳鑾為介紹意欲借重望以堅北軍之信十二日董勝標召集紳士赴常泰參觀亦欲以堅民軍之信而不虞其假也十三日早勝標帶過砲機關槍出西門至山門如臨大敵闞陳鑾林及鋒林炳輝同往民軍集隊聽點董故擇險地令集隊肅立忽揚言如刷開機關槍掃射民軍亦回槍應倉卒間誤傷闞陳鑾右臂林及鋒中彈斃林炳輝股際微傷民軍

死四十餘人隊亦出山門時馬歐不前遂折回免
於難馬克常設同善社授徒頗多得民衆信仰是
日赴廣業收編先戚介紹人鄭經回汝須視吾進
止至澳柄嶺八百餘民軍集隊候點克常亦揚言
如刷挽鄭經手同往僻處命用機關槍掃射民軍
死二百七十餘人陳壽民代表林步飛點冊唱名
亦中彈死步飛將行馬悲鳴不止或勸其折回答
曰馬團長好人也雖為所賣死亦不悔遂及於難

至是莆民軍精銳盡矣

十二月董勝標令加收煙苗捐每畝五元以五千元恤闕陳鎣二千元恤林及鋒

民國十五年丙寅夏設公路局董勝標聘闕陳鎣為坐辦

十月國民革命軍東路總司令何應欽入閩董勝標勒借商款一萬元為軍費遁去

時泉州孔昭同率兵由莆退福州董勝標從之張

毅軍不從毅過莆城時奉電守興化電報局壓置三小時始送達而毅軍前哨已行遂不復逗留趕至南港為海軍所截不得渡江焚民居無數何應欽派杜起雲往繳械張毅解往潮州以軍法殺之初國民革命軍入閩汀州曹萬順杜起雲皆反正受編為國民軍第十七軍上其印於師長李鳳翔鳳翔受之護送周蔭人走閩北旋將軍長讓曹萬順毅在漳州聞省中無主欲赴省接督篆孔昭同

見毅不戰而退未測何意亦先退董勝標從之閩
局瓦解傳檄而定
十三日國民革命軍四十一師參謀長溫彥斌奉師
長張貞令率大兵由瀨溪追張毅入城安民民軍梁
濟川亦率兵入城何顯祖為鹽務總監梁濟川為前
下場團長張貞派團長葉定國駐莆
民國十六年丁巳葉定國將非正式民軍繳械
三月清黨縣黨部改組

四月涵江中國銀行擠兌停兌三日

省財政處派員來莆籌備商款五萬元以金庫券為抵押

六月一日設臨時勦匪辦事處以葉定國為處長

三日夜匪劫涵江市擄紙店四人

七月縣署派秋節借款三萬七千五百元

時省局初定財政未上軌道尚沿北洋軍閥臨時派款習慣是後每過年節秋節年關無不派款至

二十三年乃止書之志始也

秋霍亂流行染疫死者無數

十月十六日海軍陸戰隊旅長林壽國率兵入莆

壽國初入涵江圍繳葉定國部軍械限定國同日

退出莆城

吳威部團長王劍南在涵江旅舍被刺死

海軍總司令楊樹莊爲福建省長同陳銘樞帶兵

入閩命令中有順便整理雜色軍隊之語故葉定

國吳威所部皆在整理之列

十一月縣署發行省公債限募七萬元加於田賦每兩攤六元

十二月設莆仙財政專員駐莆城

民國十七年戊午福莆仙公路局成立林步堂為局長徵收公路公債以田賦為標準每兩攤加三元徵收費三角先派測量員測路線徵民工築路

八月旅部派兵勦辦東沙

東沙歷年抗納田賦林壽國率兵勦辦鄉民拒之
死傷三百餘人掠去器物無算捆載赴仙遊
改縣公署為縣政府
九月縣政府布告豁免十五年度以前田賦
北洋軍閥剝削民財十二年至十五年每年必借
徵田賦數次至十五年止已徵至民國二十二年
至是政府雖有免徵之令而民不沾實惠
十月一日匪綁涵江中學〻生二人旋被逸出

十一月廿一日梁濟川所部民軍編為補充團調省
十二月財政廳續募善後公債六萬元
民國十八年己巳七月四日南壇村民與匪鄭樓古
戰獲九人送旅部
七月十四日槍決營長王連明
連明惠安人惠民控案甚多故置於法
八月八日旅部赴白沙勦匪獲七人
九月二日旅部赴莒溪勦匪斃匪十餘人而還

十月十九日夜十時匪刦渾江保衛團事覺遁去一匪中彈斃于途

十一月旅部派兵四連分赴常泰勦匪團長楊廷英捕著匪于金竹坑斃十餘人生擒一人

十二月匪在石城刦航船〻戶二十一人無一生還

民國十九年庚午一月八日匪刦東門外商店

十五日省警備隊梁濟川率所部駐白沙黃龍

三月十五日渚林糧櫃被刦縣政府派隊勦辦

二十五日江口新墩緝私隊槍械被刦搗毀海關消
費稅局糧櫃凳人員三人傷一人
二十七日連長張權破獲匪巢捕匪十餘人
腦膜炎症發生以綠礬焙為末吹鼻中多效
三月三十一日匪刦珠江鹽局
四月旅部勦辦湄州海盜及江口土匪
二十八日旅部往南壇勦匪獲三人斬之
五月涵江中國銀行辦事處停辦兌換券歸廈門支

免

六月十三日駐廣業省警備隊長梁濟川移駐永泰

二十二日旅部團繳前下莆田兩場緝私隊槍械俘

官佐二十餘人士兵百餘人

八月旅部派兵三路進剿廣常二里股匪格斃三人

捕四人

九月十二日林壽國升為第二獨立旅ゝ長率第三

團全部第四團一營離莆參加討盧

九月十四日股匪二十餘人在西關嶺截劫
第四團團部派兵勦廣業土匪斃二人捕三人
二十七日夜匪毁涵江公路橋梁
十二月二十三涵江市大火
焚高第街商店數百家火大熾某寡婦在樓上守
夫喪不去火越而過四鄰俱燼寡婦及樓均無恙
十二月二十五日旅部破獲山門匪窟捕三十餘人
民國二十年辛未一月一日停止消費稅由海關併

徽

一月二十日閩海關涵江分關成立貨物報税後可直往通商口岸

二十三日省派警察隊梁濟川來莆接防陸戰隊調防建甌林壽國辭職海軍司令部林秉周為旅長

三月林秉周率全部官兵離莆惟林繼曾一營逗留仙遊不去

三月三日設福建第八區勦匪指揮部以邑人何顯

祖為指揮

四月匪在江口截劫商款二萬元

五月縣政府派借金庫券五萬元

五月十九日夜匪劫莆田實業銀行天明無所獲搜外庫銀員一百八十元逸去

六月十七日省警隊楊漢烈率隊來莆協防

九月十九日保安處處長方聲濤來莆議徵田畝捐以稅契為名實收煙苗捐諱其名以欺中央政府

十月十九日營業稅併入財政整理處何顯祖任處長

十一月十一日建飛機場於涵江國懽坡周圍四里發掘古塚甚多

民國二十一年壬申匪百餘人劫西天尾市擊斃民衆三人傷十餘人擄二十七人入常泰

林繼曾與林道川合出沒興泰廣常之間遣羅均率百餘人至西天尾市擄去多人市人以四萬元

贖放

三月指揮部收編各股散匪成立第一第二獨立營

六月第八區勦匪指揮部撤消改編為省防軍二團隸屬第二旅〻長陳惟遠

七月英商輪船在興化洋遇匪劫

十六日何顯祖任莆仙善後處〻長

開辦善後捐涵江進出口貨物按釐金額四分之一抽捐豆餅每斤收捐二角

八月善後處派兵勦辦東沙村民持械反抗繼而大隊至村民不支焚住屋數十家

十月十九路軍補充旅旅長譚啟秀團長鄭星槎率兵來莆陳惟遠率省防軍離莆新編營郭樓古率所部退南壇為匪

十九路軍以抗日聲威遠近震懾入城時士民傾城迎送沿途鞭炮之聲數時不絕夜間城門洞開

軍隊常以二三人捕匪〻徒無敢犯者
二十八日調省防軍蕭叔宣入莆駐防譚啟秀率所
部離莆
民國二十二年癸酉匪劫涵江寶豐號錢莊掠去兌
換券二萬餘元
六月譚啟秀鄭星槎率兵駐莆省防軍移防古田
七月譚啟秀率部離莆派漳州教導團〻長廖鳴歐
接防

鳴歐緝捕土匪軍法嚴明毫無枉縱有沁后村匪紥原被兩方各謀行賄鳴歐拒絕之公開審判任民衆參觀先放出他犯數人使被害之十一歲幼童認識皆言不是最後雜真犯於數犯中幼童一見指為真匪供述綁票情形歷歷如繪一鞫而服置於法觀者稱快

九月十九路軍第三師師長區壽年入莆接防廖鳴歐辭職回粵是時十九路軍早謀起義外間不察而

當局去就早定公路局局長張某修江口橋一半亦辭職回粵

九月二十四日區壽年檢閱教導隊

十月三日漳州軍隊過境赴省逐日數百人十餘日絡繹不絕

十一月二十三日十九路軍政治部率衆解散國民黨莆田縣黨部毀總理遺像

十九路軍於廿二日在省組織人民政府消息傳

至莆所屬政治部率衆解散國民黨〻部

二十五日人民政府令駐莆軍隊在公共體育場行升旗禮縣長龍炎適

二十七日師長張君嵩在公共體育場就職

十二月一日軍事長官在公共體育場召集人民大會

二日中央派飛機過莆偵察在瀨溪投弹二枚傷錦墩村民一人

軍長翁照垣收編林繼曾雷轟為常備隊
以李鈺為莆田縣〻長到任時勒借錢莊款三萬元
各錢莊相約閉肆拒絕
十二月十六日人民政府撤消李鈺逃往常泰
雷轟扣留李鈺繳手提關機槍一桿鈔幣三千元
縱之逃
十七日蔡廷楷毛維壽率軍萬餘人及人民政府人
員逃莆

城中軍隊大集廟宇人家駐紮皆滿附郭人家亦
多蔡軍駐紮軍紀森嚴商民安堵
十二月九日中央派飛機到莆城偵察
上午飛機三架繞城數周不投彈下午飛機四架
在公共體育場投彈一枚不爆發
蔡廷楷開軍事會議決定放棄莆田
是日廷楷駐旅社召集軍事會議詢問形勢皆言
莆田兩面臨海汊港甚多不利戰事乃決定放棄

莆田廷楷於是日四時乘汽車至泉州中央軍已由永泰過仙遊截擊溝尾公路毛維壽派軍從俞潭過溪至寶樹站為遭遇戰相持竟日炮聲隆隆莆城可聞保持溝尾通路廷楷由楓亭通過毛維壽軍仍在溝尾支持戰事

二十日毛維壽早晨離莆四十九師師長張炎率部至莆

中央派飛機數架盤旋市空時政治部人員已遷

軍南行人民政府亦皆分散徐謙在六區僱民船
赴滬軍隊槍械皆沿途放棄土匪乘間派人收買
二十一日中央軍第三十六師〻長宋希濂率師入
莆張炎留殘部殿後敗走
二十夜一時希濂兵已到涵江城中歷〻聞砲聲
張炎殘部一排伏北門外七星橋畔中央軍團長
王某至橋中砲陣亡伏兵殺入常泰里黎明中央
軍入北門飛機七架盤旋空中掩護偽軍殘部步

步設防卷戰三小時住驛前步卒盡撤子彈槍械
在新南門焚燬砲彈密集爆裂聲聞數里兩小時
不絕中央軍繞道從舊南門出窮追十一時派人
沿路收遺棄槍械
二十二日總指揮張治中來莆治安後方
宋希濂率師前赴泉州派禹治為莆田縣〻長
十二月二十八日蔡軍在泉州投降奉令開回莆田

政編

張奕張君嵩率敗軍到莆軍官先開餉遣散派張君嵩為臨時警備司令辦理善後

民國二十三年甲戌一月宋希濂由泉州回莆集合降軍於莆田縣署繳械其徒手兵士團用輪船載往河南訓練

降軍到莆仍住民房各排訓練逐日不懈中央餉銀由飛機上擲包落於縣署至繳械時降軍皆集合縣署飛機二架在空盤旋甚久計繳大炮二十

餘尊機關槍數十挺步槍萬餘桿子彈不計其數自縣門至署遍地布滿人不容足其徒手軍士派輪船數隻在三江口登船往河南訓練

冬旱自九月不雨至春井泉皆竭天氣嚴寒山頂見積雪荔枝龍眼多枯

二月宋希濂率師駐泉州派宋仁楚為莆田縣長仁楚借步槍二百餘桿組織保安隊維持治安林繼曾受編

三月四日林繼曾拘雷轟送省禁數月伏法

十六日林繼曾部在教場繳械宋希濂到莆拘繼曾

至泉置於法

四月十九日宋仁楚令保安隊長蔣俊繳劉超然所

部槍械巷戰數小時劉超然敗走

劉超然在泉收集叛軍殘部受編後駐莆田省政

未按期給餉超然向縣府要索甚急勢將再變仁

楚派方清湘往慰以緩和之一面密告希濂派所

部來莆協助繳械十八日下午五時劉超然已有準備是夜一時槍聲大作蔣俊部踞譙樓劉超然據旅部後屋上與之對抗拂曉蔣俊進佔南門樓劉部登新南門人家屋上與之對抗天明敗走蔣俊在龍門下民房内捕殺七人仍在城内搜捕逃兵其殘部百餘或投雷轟或投郭樓古散而為匪

六月宋仁楚捕殺涵江商會主席黄李銘

李銘收藏林繼曾部軍械仁楚派警圍商會搜獲

送至泉州受軍法審判槍決

七月鄭匪樓古圍攻吳塘村々民拒之被殺傷二十

餘人大掠而去

宋仁楚設清鄉委員會以方清湘為主任委員

八月宋仁楚接收莆田地方醫院

莆田地方醫院以豆餅桂元兩項捐款為大宗仁

楚派員清算

十月宋仁楚調福清縣長以李萬鍾代理莆田縣長

仁楚至福清以莆田保安隊槍械乃向其弟希濂
所借派員索回李萬鍾靳不予以電攻訐既而希
濂亦派員来莆提槍萬鍾不得已予之怨家復揑
名告仁楚省政府派員查辦
十一月二十四日李萬鍾赴新縣勦匪提廣化寺僧
體斌遺款二萬餘元報銷為勦匪費實不見一匪而
回
秋冬大旱五六區歉收

李萬鍾在城涵募款五千元福州興安會館募五千元上海興安會館募一萬元取以工代賑辦法開忠門笏石平海公路分給米條多為工首吞沒

十二月省賑濟委員會撥款七千元賑濟經手人無報銷用途不明省委員會查詢時李已離任

民國二十四年乙亥春五六區飢民男婦數百人逐日在城涵求乞

諺云一龍治水九牛廢耕二十三二十四兩年農曆元旦皆龍日兩年皆旱亦理之不可解者

三月省保安處派蕭敬為勦匪司令彭同帶兵勦郭樓古發掘匪窟藏鏹十餘萬元官兵滿載而回

四月綏靖公署派第九師第二十五旅二長張瓊到莆勦匪

瓊四川華陽人貌似文弱書生而持己嚴正許人密告匪踪帶路往捕雖數不過匪不罪告者曰匪

蹤無定何能必獲以故告密者多捕獲真匪必解送泉部審鞫著匪柯詠梅東茂鄭卓權先後就擒匪徒五十餘人次第皆置於法

五月海匪劫鷺江輪船商家滙款被劫四十餘萬元市面金融大亂

初匪徒潛伏鷺江旅社扮為搭客買票登輪船啓椗未及二小時遂在船上發動以木殼槍拘司舵人及搭客禁於一處然後傾箱倒篋搜去鈔票四

十餘萬元時中國銀行鈔票價高於現幣商家貪滙之利故各換票由輪船赴廈而不虞匪類陰伺其旁也此票始終未破獲僅指知者來旅館東劉某二人覊於省獄

二十二日涵江慎昌錢莊倒閉莆田實業銀行擠兌李萬鐘赴涵江召集商會議維持金融方法席間暈倒

萬鐘入醫院療治醫生拒絕接見軍隊在外以為

鍾有慎昌票仍舊行使之令勸商人收用商人罷
市

六月省政府免李萬鐘職以章世嘉代之

六月十五日李萬鐘卸事各界請求旅部扣留清算
旅部不允派兵保護出境

七月各界推舉律師鄭毓甫為代表赴省控告李萬
鐘

萬鐘到任後假小惠以估譽鄉民多受其欺吞沒

公款數萬元時已設財務委員會縣長用款必由委員會通過而萬鍾同日提出款二萬餘元未經通過要求委員會追認代表指以呈控案懸多日嗣監察使署成立訊有實據久之提出彈劾奉令停職五年

七月郭匯樓古截斷少婦四肢祇留腹部由聖路加醫院治愈家屬赴省城訴究

九月省令驗契未税之契不論契税價多寡每張祇

收驗費一元赴驗者達二十餘萬張

民國二十五年丙子五月張瓊派兵至西營村捕郭樓古格斃二十餘人繳槍四十餘桿樓古至海埮泅而遁其妾爲樓古逃回南壇

五月江祖筵議招各鄉團練自衛達籌款達郭樓古出洋親入匪巢開説爲樓古所留禁兩月餘既殺之

六月莆大水各處隄岸崩壞

九月郭樓古爲其護兵所殺赴旅部報告驗實重賞

之
擄古允猛忌刻為各匪冠令匪徒埋銀埋槍事畢
即殺之以滅口匪徒懔懔危懼一日郭睡其新買
之妾在床邊縫衣蔓兵向前借針開槍擊斃之并
殺其妻而逃餘匪追之不及遂赴城報告
七月張瓊移防福甯派旅長周志群接防
縣長楊偉奉令組織全國經濟委員會莆田支會
經濟委員會成立會中提議房鋪宅稅專指為保

甲費用途所收税額不得超過保甲費支出之數

楊偉允行

華僑賑濟委員會撥款賑濟水災指定為修理木蘭陂經費以工代賑、

十一月旅長錢東亮召集保長訓練限六星期畢業

全縣保長分兩次訓練

民國二十六年丁丑夏五月二十日午地震自西北東行有雷聲如雷

募國難防務捐

時蘆溝橋中日戰釁已開奉令各縣設防空濠戰濠以國難防務捐之款購買鐵絲洋灰配備杉木附郭自北門使渡嶺越太平山下磨山篠塘山至南設門防空洞三十餘座掘交通濠以連之計長三千餘丈派各保保民工開濠城上設防空二十餘處城保及人家有空地處皆令設防空濠黃石青山至筍石五候山忠門各處設長戰濠並置防空

洞涵江三鯨至頂埕坡皆掘深長戰壕民工每天
發伏食費二角工人每天三角砍伐松樹堆積如
山然松木易腐不數月遂生蟻堀陷旅部派員指
導工人意見不一此員以為可再派他員又以為
否設而復毀改而又改民苦無所適從而監工之
人輒乘機取利計歷時數月之久
募救國公債莆額定十餘萬元經收四萬餘元奉令
停止

救國公債發行購買者甚踴躍甫以派募方法不
善指定富戶多數不贊頗為遲緩募至四萬餘元
已額滿奉令停止其未購公債者省令照派額改
收國難防務捐視債額四分之一
秋九月派棉衣五千襲交省勞軍凡捐獻者繡其名
於衣内
民國二十七年戊寅四月槍決毒犯三十一人
初縣長夏濤聲呈省請將已判決徒刑之毒犯數

十八次服兵役案上濤聲去職程星齡繼任奉保安處令毒犯無當兵資格盡行槍決十五日星齡提犯槍決十六人十六日再提十五人呼名無有應者再三開諭始由監犯代表指出槍決十七日星齡提出輕毒犯一人當場釋放諭曰汝須勸導五六區人毋染毒品致罹官法即日上省辭職曰余不能代人作劊子手也蒞任纔一月而去

十七日抗敵後援會募棉衣二百襲布鞋三百雙餅

四千枚推舉紳士往平海慰勞軍隊及義勇壯丁常
備隊
是日有敵艦兩艘泊平海前下午一時起椗有登
陸模樣壯丁皆荷槍實彈待命夜十二時敵艦放
汽艇一艘載兵士若干人近岸艦上開炮數次擊
中民屋壞二間山上巨石轟壞一角汽艇將至岸
駐軍開機關槍射擊汽艇折回
省派黄愷元署理莆田縣〻長與營長羅平白意見

不合辭職

時旅長錢東亮奉令防泉州莆田軍務由營長羅平白代行羅行文到縣用命令式愷元不接受羅宣言欲帶隊回泉州愷元則稱赴省辭職勢成水火自衛團賴紹銘又鼓煽之路過愷元勢將用武縣黨部召集各界調停推張琴林劍華二人赴泉州向旅部疏解錢意頗平縣秘書某又勸愷元親見東亮回官可不做陳主席不可不見汝不見旅

長即無以見主席愷元乃赴泉請見錢意亦諒解
愷元回莆求去益力曰余不能覥顔事人也
夏旅長錢東亮自泉州來莆駐東山
東亮駐莆後每在郡城隍廟決因以示無私時夏
旱已久東亮拈香禱雨約曰三日不雨是神不靈
司令部將遷入此廟越二日果大雨東亮乃利用
神功與黨部議將城隍像抬至各鎮宣傳抗敵令
人民自動獻金獻穀救濟難民結束時統計獻金

額共二萬六千餘元銀器二百餘兩金器六兩餘硬幣四百餘元稻谷五百餘石銀器金器硬幣交銀行滙中央法幣稻谷縣長吳建中提歸縣政府保管

旅部設八縣自衛隊每保派獨子二人槍二枝組織技術自衛隊派富户捐款十五萬元以為薪餉

旅部令城内擇地設防空洞以備巷戰

十二月設防空哨（三十三年八月改稱防空監視隊）

民國二十八年己卯二月二日敵機三架轟炸三江口毀民房二間斃一人

春米價驟貴省政府令發稻谷千石在城滙兩處平糶商户赴香港購米二千餘包繼續平糶至早谷登場日止

是時米價驟昂每法幣一元尚可購米四十兩而社會經濟不能均平飢餓載塗故有是舉

五月縣政府奉令破壞公路橋梁

自江口至長嶺幹路長八十里發動民工破壞江口橋新港橋大津橋七星橋瀨溪橋殳溪橋共六座用火藥轟炸其餘小橋梁二十餘座均用人工毀壞行人往來概由船渡自縣城至平海支路長九十六里石橋木橋均拆壞惟白湖橋梁村民環請保留僅鑿石孔待事急時轟炸

二十五日敵機七架轟炸莆城

枚彈十餘枚毀哲元小學校舍傷教員一人其以

美教堂屋角一部屋頂全部毀樹枝折斷彈入地
四尺咸益女中學生宿舍校長室全座科學機器
均損壞傷孕婦一人

五月三十一日敵機九架炸莆城
投彈十餘枚毀中心小學校舍十餘間南門口投
彈一枚毀城堞一垛市頭張宅毀大門一座正廳
一座廂房三間書倉廖宅毀堂屋二十餘間鄭舍
毀房屋四間郭宅廂房一間對門民房五間周宅

毀屋四間

六月十三日敵機五架炸莆城

毀職業中學校舍五十餘間斃學生二人 時職業學校疏散廣業里夏期考完畢業生回校終卸行李而敵機至學生避榕樹下被彈片傷及機關槍掃射二人立時斃命

六月二十日敵機炸秀嶼鹽倉

前下鹽場奉令將產鹽集中秀嶼達倉儲存秀嶼

涵海山腰鹽場亦集中於此由輪船儀往福州福
寓起陸販運為敵偵知乃派飛機轟炸鹽倉盡燬
並毀與上玉皇廟一角
七月十三日敵機七架轟炸莆城分炸涵江
燬新北門民房二十餘間涵江中學校舍五間宿
舍八間儀器校具均損壞
十九日敵機六架轟炸莆城同日轟炸莆禧
燬驛前興賢小學校舍時學校疏散折城之石匠

人運至校敵機以為工人建築防禦線投彈二枚
斃匠一人鄭舍震倒斃二人傷一人莆禧斃四人
傷八人
二十八日縣政府奉令撤毀莆城平海莆禧江口城
同時撤毀
十一月一日敵機九架炸莆城
燬聖路加醫院樓房十五間房屋一座四間器械
藥品全毀壓斃九人傷五人烏石鋪卹嫠院燬屋

三間羅姓燬樓房三間壓斃婦女一人

十二月撤毀石城梭石城為渡南日最近處

民國二十九年庚辰五月十五日敵機五架炸涵江

燬樓房六座三層樓房二間商店民房各二間

五月二十日敵機五架炸江口

燬店房二間斃一人傷五人

七月七日縣黨部發動人民自由献金

城廂涵江花亭黄石笏石西埔尾廣業及處共計

四萬餘元

十一十二兩日敵機十三架炸橋兜塞張家建築樓房七座計五十餘間吳家平房三座燬十餘間漢奸報橋兜為兵工廠適該處河港內有商貨疏散民船麕集四十餘隻敵機認為真實連日往炸商民囤積洋油被炸火焰高冲是夜台灣廣播以為莆田新兵工廠被炸

十四日夜敵運輸艦一艘在平海前海面觸水雷沉

汶沿海二十里可望見大光

十七日敵機七架炸涵江

燬貨倉一座民房十餘間斃三人傷六人

十月十八日敵機九架炸涵江及江三口

燬涵江貨倉及民房二十八間三江口貨棧十六

間損壞九間

民國三十年辛巳三月十二日敵機五架炸三江口

船隻彈落水中無損失

三月二十一日長樂連江閩侯福清四縣同日淪陷

縣長林夢飛率隊往石鏡搶回商貨

自二十九年三江口封鎖滬閩商船由福清松下灣起卸屯積石鏡莆田泉籍商户爭往營業石鏡為商貨集中處夢飛率隊前往搶運敵人進兵至横渡東張而止縣政府及保安團二長王成章力促城商户住民疏散二十八日訛言敵兵至江口城中奔竄一空

保安處長黃珍吾由福州北港退守廣業進攻東張
士兵傷亡百餘人
七月十二日敵機炸鎮前寧海橋
鎮前彈落田中無損失寧海橋頭石將軍炸損二
尊觀音亭邊艷婦人一傷男子一
八月朔日日蝕既天文臺以崇安為全蝕點莆上午
十一時狀類黃昏三十分鐘後明
八月敵退出福州保安團〻長王成章調福州各界

獻旗歡送

二十四日敵機炸涵江歷三小時倉后保斃七人傷十五人燬樓房三間房屋二十五間某寺四間義東保燬商店十二間房屋十二間育德小學校舍四間義西保樓房全座店房五間延甯保樓房三十餘間

九月監察使陳肇英令祠廟獻金抗戰給函嘉獎

二十三日敵機二十三架侵莆空至德化救墜機

夜二小時地震五次

十月省主席劉建緒涖莆巡視防務

十二月敵人以海軍一部配合偽軍千餘人據南日

民國三十一年壬午一月十七夜涵江交通銀行被劫

是夜集奎居民失火善德堂往救火同時交通銀行出事失去鈔票三十九萬元赤金二條

二十八日警察局破獲六人殺之

主謀者行警林壽華與陳貢陳慶池陳秉民陳孫
孫林天益等在廣業永泰邊界分贓偵探偵捕獲
之至林壽華家起出鈔票二十八萬七千五百七
十六元赤金二條手槍一枝大衣三套
二月九日部令派閩保保安第三團中校隊長曹丹宸
為指揮莆田保安隊長陳言廉副之由石城渡海攻
南日殲敵七十餘人敵退據南竿塘
敵偽欲久據南日握興化灣海權因我軍進攻十

三日敵以砲艦二艘汽艇七艘登陸艇三艘由萊尾浮斗等處登陸劇戰一晝夜我軍傷亡十之二十四日退草湖西山敵以兩艦夾攻同時以裝甲汽艇圍截石城海道曹丹宸失蹤陳言康與保安第三團大隊長廖倫賢率兵奮鬥退據西寨此處地高海淺敵艦不敢泊乃依山構築防禦工事十七日拂曉敵以全力攻西寨劇戰半日死傷枕藉陳言康親率一部由右翼伏出側背猛擊敵全線動

搖我軍全力反攻敵潰退四五里敵艦以炮大施
行阻絶射擊黄昏時我軍以進為退敵艦解除海
面封鎖線至九龍山阻遏我軍進攻深夜我軍秘
密乘漁舟揚舲而歸及敵覺開砲我軍已傍岸矣
是役斃敵僞六十餘人俘擄十一人僞軍官一人
獲槍四十餘桿我軍傷亡官兵五十餘人敵亦放
棄南日不敢再犯

秋平海漁民撈獲封鎖水雷十餘枚以銅殼三枚獻

縣政府
漁民知水雷所在先放長繩海中水漲牽至海灘
水退擱沙乃揭開銅殼取去炸藥以銅殼三枚獻
每枚獲賞二百元
冬本縣獻滑翔機款四架
民國三十二年癸未春旱
是年元旦大雨溝水皆滿二月初二日又雨未及
十餘日溝水涸有南箕村奸民何某賄警察局在

海隄設碾米機一架海濱二架放水入海為大規模走私分秧及時南北洋河床皆見論者謂為人造旱災

四月十三日大雨十五日小雨二十五日又大雨始告霑足

時農民祈雨逐日數千人入城郡廟于四月五日十九日乃雨至十三日黃石鄉民請玄帝出郊至東門外晴天無雲午後三時忽雷鳴雲起大雨滂

沛

五月鄉鎮民代表會成立

第四區督察專員張德鍾派員查辦礦米機洩水案

奸民何某繫縣拘留所後數月移送法院同夥者

為之營脫宣告無罪

秋七月八日大水十五日二十五日大風雨大水泛

溢八月二日又大水

江口淹倒店房十餘座男婦無家在古廟寄宿者

四百餘人漂流厝棺二十餘具馮公隄崩十餘丈
省府派員勘災就水痕測水漲高度黃石區免糧
十分之四城區免糧十分之六
敵關東船三艘被颶風飄入鷺頭港海灘上
船本四艘避風澳內逸去一艘三艘因重載擱淺
船內豆餅數千片大豆數千担由鄉公所扣留具
俘商人四十餘人送縣府訊係山東人給資遣回
貨物沒收拍賣值百萬元以外祇報省二十八萬

元閩總司令部省政府第三戰區均派員來查省水利局派章世綬林桑孫勘修馮公堤修費估價最高額十四萬元定期投標有投最低十萬元者建設科決定包工十四萬元水利局詰問何以不從低價時劉主席涖福清巡視世綬報告縣長葉長青違法

九月十五日夜謠傳敵人在三江口登陸縣政府徹夜疏散至曉方悉誤報

時東角興程口村人因爭漁場互鬥北皋鄉公所誤報敵人登陸至曉方知誤傳警察捕兩村十餘人禁押兩月移送法院

十月劉建緒出巡莆田各界檢舉葉長青貪污

十一月同盟勝利美金公債截止本縣購美金公債二百萬元皆不給票

縣派經徵處為勸募公債委員經徵處收款不繳銀行致公債滿額全縣不發美金債券損失最鉅

第四區專員張德鍾派彭坤元查葉長青劣跡長青以巨款行賄被劾去職

長青在莆劣跡甚多經各界檢舉心不自安彭坤元御命來莆長青賄以鈔幣十萬裝為紙煙致送坤元不受回第四區報告張德鍾曰汝第受之而後彈劾有據坤元再至長青意為嫌少也又加送五萬元坤元受之繳於專署德鍾親赴省糾劾長青繫省獄判徒刑十二年以胃病保外死

民國三十三年甲申二月十九日涵江交通銀行再被刦行長陳傳懋第一次事變係行警所為有戒心專託警察局派警四人保護是日有稱為總行派員來涵調查者帶護兵數人持木殼槍逕入警察不加阻止遂將警察手槍收繳斷絶電話令管庫員開庫以槍監視行長摟去鈔幣三百七十九萬六千六百餘元歷一小時出門由馬尾新港向北山

而去時方下午三句鐘其佈置從容計畫周到論
者咸知共產黨所為而服其勇決云

四月省派陳維金為莆仙永德邊界指揮官維金任
林壽濤為莆田主任
設司令部於東山繳廣業民槍數十桿捕黃文貴
文貴在東山自殺

五月縣臨時參議會成立

八月指揮部撤銷

九月聞倭連江長樂福清四縣再度淪陷縣府嚴令
城民疏散
時城市人民窮困無資疏散奉令者少惟縣府人
員案卷均移常泰一夜訛傳敵人在三江口登陸
警察乘夜倉皇搬運市民方在睡中無覺者至曉
乃知訛傳
縣臨時參議會設民立自衛隊
由縣府聘請治安委員下設參謀軍需各處以隊

長選長任及指揮權爭議未決省派胡李寬張德
鍾來莆決定
十月埭頭警察捕赤岐張天慶在逸槍決
時張天真以偽和平救國軍名義暗中接受中央
命令為敵人反間諜而人不知也至是由烏龜嶼
進據湄州其弟天龍天固從之惟天慶在家販運
私鹽一日天龍天固回本村看戲劇埭頭警察奉
令禁止沿海演劇為天龍所遜回所報告派警隊

鹽兵數十人圍捕天慶及婦女三人天龍天固率
衆伏鷺峰山開槍抗拒警察乃舍婦女而專捕天
慶天龍開槍追逐警察遂將天慶槍決沿下嶼方
面逃走警所鹽場均不知兵警所在以為必被繳
械電話報告縣府縣府派兵至北皋防堵一面請
地方人士到赤岐村宣慰赤岐村保長及代表具
結服從政府領導人心大定此九月十日事也
十二日拂曉發見敵艦九艘泊平海海面上午九時

向南駛去

十一月三日處長嚴澤元專員張德鍾在瀨溪被劫

戕連長一人失機關槍一挺

德鍾由仙遊來澤元由惠安來約在瀨溪會共產

黨化裝農民沿一二里内留有步哨張嚴二人在

店歇息不加防備黨徒入店連長拒之被戕斃死

護兵驚散遺機關槍一挺被奪去沿西冲奇踰山

而去

城涵汽船被刼

縣長朱雲浪早晨乘汽船到涵江共產黨三十餘人穿軍服將機關槍架下許橋頭汽船到鳴笛喝令停止檢查搭客次第上岸受檢無論男女鈔票衣服皆取去但朱雲浪已於前一船到涵免於難

十二月二十六日夜西園鄉公所及田賦辦事處被刼

是夜十一時共產黨數十人在忠門開會擊斃隊

長康某鄉隊副劉天章及隊兵二人，適赴西園鄉公所焚其檔案圍田糧處焚通知單户册天明在忠門演說而散

十二月十七日敵機一架墜落南日停航空員十四人

民國三十四年乙酉一月十二日東南訓練班三百餘人来莆住梅峯寺

東南訓練班百餘人自告奮勇乘大霧以民船直

擄烏龜嶼收拾電料槍枝而回未奉令故不書

二月一日敵轟炸機一架墜落泗華陂沙灘機內敵人九人當場俘航空員二人松嶺下俘一人九華山俘二人有三人在前下場敵派電船來接被鹽兵俘獲送縣一人無蹤機身甚大折卸後存縣政府

三月一日警察與青年軍衝突青年軍向局質問警察開槍射擊重傷一人輕微傷三人

時各界歡送青年軍舉行種〻娛樂水閣上女子數人扮裝故事巡宮某欲上船商民抗拒之又從軍學生一人在文獻路上無故被警察毆辱縣長公出下令停止燈市警察持斧亂砍牌樓青年軍以為侮辱已也由隊長率帶往警察局質問警兵在南市頭拒之開槍射擊縣政府派員阻止將肇事警察送法院公訴

三月二十三日敵機墜落城公共體育場

是日天已昏黑敵機遶城數周降落體育場東南訓練班美軍官口號令其投降機內祇有航空員一人不答美軍開槍射擊敵人以火自焚傷重抬聖路加醫院夜半斃死機身俱燬祇存兩翼

四月八日敵戰鬥機一架墜落澄墘海灘上俘航空員一人

八月十日電傳日人在東京乞降全城放炮歡祝

九月三日敵人在東京簽字定是日為勝利日各界

提燈遊行商家點花燈慶祝因逐日陰雨展期至國慶後五日停止

（清）胡啟植、王椿修　（清）葉和侃等纂

【乾隆】僊遊縣志

清同治十二年（1873）吳森刻本

僊遊縣志卷之五十二

摭遺志上

祥異

蓂莢長於堯階聖世亦爲瑞兆桑穀生於廷殿高宗因而側身善惡之道伏於機先禍福之徵即見於眉睫微乎微乎非至誠其孰能與知於是乎紀祥異

宋

太平興國八年癸未秋八月颶風作拔木壞廨宇及民舍

熙寧元年戊申大飢

崇寧元年壬午大旱

大觀四年庚寅冬十有二月二十有四日大雪羣山
盡白荔枝凍死

紹興十有五年乙丑山寇周老虎犯僊遊西鄉武翼
郎袁章義民邱祁戰死

乾道四年戊子游洋民鑿井二丈餘得石有文曰石
上狀元明年鄭僑及第清源石起宗亞之

淳熙二年乙未九座山古杉木生花其香如蘭

元

延祐三年丙辰舊志作寶祐三年夏六月南橋魁星祠前溪湧開元錢背有閩字福字

至正間大盜陳同犯縣尋被擒省志載至正十三年癸巳居民陳居信詔偃遊崇城

明

永樂元年癸未林志作十四年丙申大飢

正統十有二年丁卯林志作十三年戊辰沙尤盜大寇焚縣市及東西鄉民家十餘

景泰二年辛未春夏大旱米斗一二百錢

成化十有一年賊酋李道隆號萬善里壯士魏昇勳
之道隆射死

十有二年丙申夏秋旱知府陳某表疏聞稅糧免十
之三

十有五年己亥蟲食禾大飢

二十有二年丙午夏旱通判周亞疏聞不報是年寇
起壯士魏昇勳之斬劉天祐王廷鶚于文賢里

二十有三年丁未春旱無麥秋大旱無禾得潮人運

穀民賴以濟知府丁鏞申奏准稅銀折色舊志作多派

弘治四年辛亥温文進寇掠善化里壯士魏昇勦之

進中槊死

九年丙辰廣業里資國寺僧徒烏七三等作亂置營

興泰里壯士魏昇擊殺之毀其寺

十年丁巳秋七月十有一日颶風大雷雨折樹壞屋

十有二年己未大旱自夏至於冬巡按御史胡華疏

聞是年稅糧免

十有三年庚申夏秋旱

正德元年丙寅冬十有二月漳盜入寇知縣溫璿督

巡禦之

五年庚午冬十有二月十有七日大雪樹多凍死

七年壬申秋九月漳汀盜肆掠薄城東門典史陳瑄

率壯士魏昇禦之獲賊徒陳圓師等二十人

八年癸酉飢

十有一年丙子春二月二十有六日颶風作雨雹大

如卵小如彈禽獸擊死雉麥無遺種東南鄉尤甚

十有二年丁丑夏四月十有九日地震三次二十有

一日地震四次九月河漳盜鄭獅自安溪流刼蒲城西門壯士魏昇率長子瑞周及翁汝達郭懷志雷法英林德泰力戰死之獅以殘卒遁

十有四年己卯秋八月十有五日汀漳盜乘垣圮入寇典史黃兆煉同捕盜義官盧仲生追獲張湯等

十二八九月二十有五日地震

十有六年辛巳春二月二十有一日地震

嘉靖二年癸未春正月大飛山鳴秋七月廣東汀漳盜省志作廣盜入寇禦之遂刦莆田被追遁入德化一

四年乙酉亟食麥

五年丙戌夏秋旱稻絕收

七年戊子大旱告糴惠潮二州

十有一年壬辰大雪

十有三年甲午尤溪盜刦掠慈孝里

十有五年丙申秋旱巡按御史李元陽奏免稅糧三分

十有六年丁酉夏秋旱詔免稅糧四分

十有九年庚子大熟

二十有四年乙巳飢

三十有九年庚申夏五月雨雹大風拔木飄屋瓦

四十有二年癸亥冬十有二月倭寇圍城相持五十餘日知縣陳大有典史陳賢固守參將戚繼光統兵至圍解殲其黨

隆慶四年庚午春正月二十有五夜雷大震雨雹

萬歷四十有二年甲寅（舊作十二年）秋八月六日水暴漲

崇禎二年己巳秋七月二十日雨血

三年庚午秋旱穀石七錢

十有二年巳卯秋八月十有七日大風作雨豆

十有六年癸未雨絲冬地大震有聲如雷

十有七年甲申山寇陳尾作亂知縣吳堂平之

國朝

順治四年丁亥山寇海寇並作穀一石五兩

五年戊子春三月山寇陷郡城攻僊遊知縣孫之屏擊却之秋八月　大師復郡城

八年辛卯春二月大雹

十年癸巳秋八月山寇郭爾隆作亂屯寒硼山大肆

殘掠爾隆邑西人後從海上投誠授官

十有一年甲午秋大飛山石崩縣堂壞冬大霜四十餘日殺草木六畜死一牛九十兩

十有二年乙未春正月五日鄭成功遣其將林勝等陷城知縣陳有虞典史沈顯卿都司王家禎死之先五日有白氣從東關起如霧壓城至是海寇滾地炮從此發二月瘴疫流行夏四月大飢斗米百五十餘錢民城陷死及病死餓死殆盡父老言前此山海未靖有尚千總駐防邑中以殺戮爲威見民居稍大者曰是賊藪也即焚之日乘馬出遇民即刺之至

是藍沒于城中

十有三年丙申春正月中旬雨雪深三尺六七日方消

十有七年庚子春正月十有五日雨雪秋晚禾生蟲

十有八年辛丑海寇未靖徙沿海居民於內地

康熙三年甲辰春夏大旱

六年丁未大有年秋穀賤一兩八石

十有三年甲寅春三月十有一日耿藩叛十有八日僞檄到兵乘亂大掠秋九月隕霜殺稻冬大荒歉

觔肉隻鷄價四錢

十有五年丙辰夏大荒歉秋九月二十有三日耿藩檄至城門堅閉男婦夜出城多被刼張宋二營卒恣刼人家物買令田典史夜遁

十有七年戊午夏六月二日夜初更五刻大風從西北來火熖燭地飛石拔木東北有紅緑色大如斗風即作屋多折秋七月十有五日永春德化令棄城來奔冬十月初貝子下南與屬用民夫四萬餘有鑿戶者有一係二十八役至三十人者官亦折

價銀一名一兩一錢

十有九年庚申春旱穀石三兩夏五月鹽貴觔二十餘錢米貴斗百八十餘錢民有餓自縊投水死者明倫堂施粥分西南廠籤給南廠婦女幼丁西廠壯男初有三千餘人後八千餘人有死及生子廠中督撫發銀八百兩到邑一兩穀一石扣米五斗分上中戶採買秋七月祈雨二十有四日大雨仍旱八月六日（省志作初七夜）大雨平地水漲三四尺城內屋壞千餘間南橋衝五梁餘橋多壞死者萬餘城

西拱橋側有一婦漂至攀龍橋掛松樹上南溪一族屋壞漂歿四十人

二十有一年壬戌春三月十有九日大雨雹鄭庄人有着簑笠擊仆地者牛死折木壞屋自夏六月旱至冬十有二月井涸溪取水穀賤石不及百二十錢

二十年辛未自往歲冬不雨至于夏四月萬井泉竭四野荒地生毛拔之有乳二十有一日大雨又雨雹秋大熟

三十有三年甲戌春三月多雨秧苗爛自正月十有三日至是月二十有五日始晴夏五月至閏五月連日雨

三十有六年丁丑春正月九日夜地震有聲秋旱慈孝里民搶食

三十有七年戊寅夏大雨水

三十有九年庚辰夏五月十有八日 文廟壞

四十有一年壬午秋旱

四十有二年癸未春旱夏五月不雨至秋乃雨穀石

九百五十錢

四十有八年己丑春正月五日夜三更西關外慈濟樓下炮火發延燒三街民房數百間

四十有九年庚寅旱冬稻化爲灰

五十有五年丙申旱米斗十有七錢

五十有九年庚子春正月二十有八日大雪冬旱

六十年辛丑春正月十有九日大雷雨二十有七日大雪積三四寸八月十有五日夜聞臺灣警邑中戒嚴

六十有一年壬寅春二月四日雨土三日山林濛翳

夏六月二十有四日大雨民居漂

雍正四年丙午春正月十有三日夜雷雨大作次日

又雨水漲夏六月十有二夜盜擬刼城不果城中

警十有三日夜北關外緝獲宄黨陳燭古等置之

法秋八月十有五日寇復集冬十有二月十六十

七夜傳賊至男婦逃奔出城十有八日辰刻重霧

播鼓大飛山復移礪壁山二十有二日就擒

五年丁未秋七月二十有二日南橋折一道

七年己酉春正月二十有九日大雪越日尤甚秋七月二日雨雹

九年秋九月二十有二日夜地動至再

十年壬子秋八月十有九日蛟出山盡裂民居漂城內水上官堂東門會濟宮倒南橋壞二道石馬橋盡壞人多溺死

十有二年甲寅春正月十有三日夜大雪夏六月三十有六日申時綵雲見申方秋八月九日申時綵雲見西方

十有三年乙卯五月十有九日未時五色雲見西方

高至半天廣里許二時方散

乾隆二年丁巳冬十月二十有九日雷電以震

四年己未夏四月十有八日濃霜降禾半白

五年庚申冬旱

六年辛酉秋七月十有六日南鄉無煩惱田井魚化

龍雲垂水立

七年壬戌春三月旱民有自海運米者道郡郡遏之

五月朔旦日食

八年癸亥九月二十有九日立冬後雷電以雨震殺
人東關外
十有二年丁卯夏六月二十有三日緑雲見西方秋
七月雨
十有三年戊辰夏四月雨穀貴
十有四年己巳春正月二十有二日夜大風雨大樹
多偃
十有五年庚午秋八月自朔至望大風雨溪水溢
十有六年辛未春松樹生蟲枝葉皆枯夏旱冬十有

二月六日子刻地震有聲

十有七年壬申春斗米錢二百餘芝草生（西關外楊樹下）

十有八年癸酉春連雨彌旬鹽貴（時百物皆貴鹽觔賣錢比舊五六倍督撫移運浙引以濟民食）夏大疫（城鄉男婦死亡無算有一家相枕藉而斃者神大熾師巫因之以符妖妄民間我不敢哭疾不敢問楮灰鐵鼓晝夜喧亂甚至破家以禳而竟不瘳全閭皆然而下游較甚至秋乃定）秋旱牛多瘴死

十有九年甲戌春旱夏乃雨（早季田至立夏後纔得布秧禾苗秾茂及穗出多弗實惟水田早布者熟）夏大風拔木秋大雷電以雨（六七八月間連雨雹雷震殺人甚衆）牛瘴死比上年尤甚至以人力代作（先是有謠

日耕牛能言
至是乃驗

二十年乙亥春三月二十二日雨雹

二十有一年丙子秋旱

二十有二年丁丑旱穀價大涌時鄰邑多饑越販者衆穀以益貴惟閩淸永福諸邑較可民逾險肩運日以千數食賴以濟

二十有三年戊寅大旱斗米錢二百餘自壬申年以後旱澇相仍米價無甚平者至是年旱又甚四野焦枯濘田皆裂蔗不滿三尺深山老樹枝葉如焚有司雩祭不效繼之以勸糴勸糶不效募民殷寔者告糴于浙之平陽海運迸至價乃漸平

十有二月朔日食先是六月十六日月食是月望又食

二十有四年已卯春二月初五夜亥時地震濱海之地時有震者或謂之潮氣蒸動十九日辰刻有虎馬面多鬛自爴下渡溪過崑山連傷七八而不斃二十九日夜雨三月草根有珠人爭取之煮以薄茗與眞珠相亂中有小竅蓋草根綴成者按周亮工閩小紀云汀西邱坑撥土寸許即有明珠大如粟色若水晶較之珠光少晦相傳古有擁珠傘帥師至此爲敵所破入地結成者說頗荒唐又南宋時江華據欽郡郡與其妻巡行山川張珍珠傘爲美觀一日天風掣傘于雲表良久墮下珠悉迸落草間因生草綴珠事殊相類竊謂草之有珠亦如蠃蚌然原不爲異也特人不察耳櫟園一代騷孤亦未免好奇附會夏六月大雨

大有年數年旱傷穀値貴今年早季大熟價石過減至六百爲近來僅見雖當秋成稍澇濟

地或淹亦不甚害八月以後鉄

雨高田頗虧而膏腴之壤自佳

二十八年癸未春二月大雨雹如棋子形

三十一年丙戌夏五月豹入城從城北門入直進民家几案下把總搏死獻于官

三十二年丁亥夏秋旱大饑

三十四年巳丑秋彗星見于東方

冬有年

三十五年庚寅夏五月朔日食

僊遊縣志卷之五十二終

【萬曆】永福縣志

（明）唐學仁修　（明）謝肇淛纂

抄本

時事　國朝洪武四年溫九作亂寇掠鄉里有司
捕之逃去尋復來邑人楊惟吉率衆獲之
正統十三年沙縣鄧茂七為亂諸縣響應異時尤
溪貧民傭于永福永福人奴役畜之至是擁衆侵

軼我邑所過無不屠滅幾虛其境
成化十九年六月大風雨拔木發屋壞公署民居
不可勝計
成化二十一年三月雨至閏四月不止大水凌空
民多溺死
正德十二年四月地震是歲凡五六震皆有聲
十四年雨雪平地五六寸山頭有二三尺者
嘉靖五年正月至四月不雨知府汪文盛　奏蠲
是歲租賦

十一年風雪犬皆驚吠

十八年閏四月颶風大作屋瓦皆飛

三十三年大饑巡按御史何維栢賑之

三十五年有海騙猜迷人犯者多死民間晝夜擊

金鼓防守月餘乃絕

三十七年李樹生花明年五月五日倭寇突至屯

于汰口適兵備盛使者由泉州將千餘人入會城

假道于縣經宿聞倭至亟引兵去知縣周煥率士

民留之弗得獨留浦城兵二百人煥乃集民兵與

浦城兵分堞共守寇環攻之急東南民率民殊死戰寇中藥矢死者百餘人勢少却會浦城兵守三鋪者先縋去西北二門守者從之三鋪及西北民皆從之寇乘綆由三鋪上而城遂陷時五月十二日也日已晡東南民尚力戰然勢不可為矣煥與鄉官黃楷林居美諸生黃槐林大有編民黃浩張麟皆皆戰死是時浦城兵有着大有者挽之使去大有嚙其腕絕之竟遇害

四十年漳人王鳳以種菁失利因聚衆據二十八

都為亂不旬日遂至數千人監司發兵擊賊糗糧不是百姓皆逃匿獨利洋人鄢俊散家財持諸壘門給食兵得無饑明年復散家財號召邑中豪傑得六百餘人自言縣請擊賊乃率兵迎賊於九龍里與戰殺數十人後亦身被數鎗而死又明年劉廵撫籌遣將滅之而西北諸都死燬蕭然

萬曆十六年靈芝產于知縣私宅一本三華燦若錦綺十七十八年皆產

十七年正月汀人丘蒲聚衆據陳山為亂知縣陳

思謨請于巡撫趙參魯遣把總王子龍滅之
十八年烽洋小姑西林赤皮赤水諸處菁賊會盟
為亂而烽洋賊曺子貴包二等先發建旗殺掠屯
於大峬之碕頭知縣陳思謨與邑人典儀張仕朝
等乘其未會率鄉兵滅之

【民國】永泰縣志

金章、董秉清修　王紹沂等纂

民國十一年(1922)鉛印本

大事志

大事有表棟高顧氏宋呂祖謙名大事記先民有言斷章取義其名或沿而例各異遺事流傳會萃成編理亂之故興罷之年雀苻之警天人之愆恐懼脩省如鑑誠懸纂大事志第三

唐初置永泰鎮治大樟

永泰二年改置永泰縣徙今治一云大歷間改爲縣

宋崇寧元年（通志作崇寧九年）改永泰爲永福避哲宗陵諱

乾道二年天寶瑞雲寺石橫山而行谿地成溪石上復生龍爪花是歲蕭國樑魁天下

四年游洋民鑿井二丈餘得石有文曰石上狀元明年鄭僑及第亞之者爲石清源石

起宗

明洪武四年山寇溫九抄掠鄉里有司捕之逃去尋復來寇義士楊惟義率衆圍獲之

正統八年沙尤鄧茂七作亂福州山賊因之攻刼諸縣永民死者不可勝計先是西北鄉民有俚言曰今日躲東嶺明日躲西溪飢寒我自忍何以掩兒啼又曰山深猶未深谷幽猶未幽莫落悍兵手寧存猛虎喉至是始見（見韋治雜錄）

十三年尤溪人僑永者以衆應鄧寇先是尤溪貧民傭於永永人奴隷遇之至是率衆侵軼我邑所過屠滅井里爲墟

成化十九年六月大風雨拔木壞公署民居

二十一年三月雨至閏四月不止大水泛溢民多溺死

正德十二年四月地震是歲凡五六震皆有聲
十四年雨雪平地五六寸高原至二三尺
嘉靖三年始城永福縣
五年正月至四月不雨知府汪鳴鸞奏蠲是歲租賦
十一年雨雪犬皆吠
十八年四月颶風大作屋瓦皆飛
二十一年三月雨至閏四月民多溺死繼復大疫死者無算
三十三年大飢巡按御史何維柏賑之
三十五年有海騮精迷人犯者多死民間晝夜擊金鼓防守月餘乃
絕

三十七年李樹生桃

三十八年五月五日倭寇突至屯於洑口適兵備使者由泉州將千餘人入會城假道於縣經宿聞倭至急引兵去知縣周煥率士民留之弗得獨留浦城兵二百人煥乃集民兵與浦城兵分堞共守寇環攻之急東南民殊死戰寇中藥矢死者百餘人勢少却會浦城兵守三鋪者先縋去西北二門守者從之三鋪及西北民皆從之寇由三鋪上城遂陷時五月十二日也日已晡東南民尚力戰然勢不可爲矣煥與鄉官黃楷林居美諸生林槐林六有義士謝介夫黃浩張麟皆戰死時浦兵有善大有者挽之使去大有嚙其腕絕之遂遇害林大

喬永福倭變記明嘉靖三十八年己未夏五月十二日倭千餘攻陷永垣時知縣周煥由歲貢歷訓諭新任斯土典史趙誠入覲回至尤

漢聞警觀望不與離先是倭據洪塘有望永界匿者賊因尾爲閩令令燒城外屋絕賊巢獨慶廷栻重光寺僧賄用事林向芳屋存且供賊賊樓爲眾檄千總林秦兵至沠坑不及適巡僉事盛唐自泉州戰回兵千餘知縣招紳百姓咸再四懇留不聽委浦兵三百而去倭遂過城閩令以民間浦兵守令巨家供西北富民曹大輔繁杰張元仲柯榮張宗夔等以惡具餉兵怒曰毋攻急急即縋去不汝守也西北聞之豫爲去裝獨東南兵民協力効守賊中流矢畧有死傷且鳴螺自去矣適東樓伏郎機失火煙礮西北兵謂攻將陷亂去潮尋黃紹夔監生張宗堯守西門相率空西北從之賊乘勢入時申刻也東南守猶力覺始奔匿焉周令東樓被執至新安非支解印失同時死者三百餘人紳衿則林居美林訓黃楷黃槐林大有編民則黃浩張麟等皆東南出死力所以罹禍獨慘也計燒民屋六百餘間及縣堂三城樓烟火連天再易日賊去半舟半陸擄男女百餘丁口永遂荒矣初闔令貲纖民匿貲裝遣生員顧潮運出庫金亦別移折色米石斗級領出支給訖恃千總與兵備道故遂及於難可慨也夫抑又聞之時凡二日風外向是午反風蜻疑敵天賊作虎吼聲東樓殺狗獻之犯道家忌遂失火攻城遣甲申道家謂殺在巳午未據歲月考之固未年午月未日也陷始申方時又申刻信然耶否耶方監司査覈功罪未詳余何敢言第據事直書以示後守城者且以懲九京也是爲記（錄濩川林氏家譜）

倭既陷永城其黨分掠各鄉燬白雲三峰寺（唐咸通二年建）寺僧百餘衆殺戮殆盡掠其貲以去

四十年漳人王鳳以種箐失利聚衆據二十八都爲亂不旬日至數千人監司發兵擊賊糗糧不足百姓皆逃匿獨利洋人鄢俊出家財特詣軍壘給食兵得無飢俊又散家財號召邑中豪傑得六百餘人自詣縣請擊賊乃率衆迎賊於九龜里與戰殺數十人俊亦身被數創而死明年巡撫劉燾遣將滅之西北諸都殘燬蕭然

四十三年八月大水衝壞城郭田廬人畜多淹斃者

萬歷十六年靈芝產於知縣內宅一本三華燦若錦綺十七年十八年皆產

十七年正月汀人邱滿聚衆據陳山爲亂知縣陳思謨請於巡撫趙參魯遣把總王子龍滅之

十八年烽洋小姑西林赤皮赤水諸處箐客會盟爲亂而烽洋賊曹子貴包二等先發建旗殺掠屯於大埔之磡頭知縣陳思謨與邑人典儀張仕朝等乘其未會率鄉兵勦滅之

四十一年大水壞城郭田廬有刀星現

崇禎三年水

十七年七月朔夜大風拔木空中隱隱有兵戈相鬬之形

清順治三年八月邑寇陳乃孚爲亂乃孚名君陞本長樂人冒入永庠素見凌於豪族時唐王據閩乃孚集亡命千餘人以勤王爲名

陰欲修怨於永二十一日乃孚屯兵重光寺託言操練有知其謀者大呼於路曰乃孚反矣人皆驚竄城門遽閉乃孚見事洩遂放火斬關而入焚縣劫庫素有睚眦咸遭屠戮知縣明宗室朱由榴闔門皆死於火由榴被執不屈死之十一月四都寇黃闕周等又擁衆攻城殺乃孚一家焚其居室知縣翁曰賓死之

十二月邑寇趙子章攻掠白雲居人遠避賊盤踞四閱月飽其所欲乃盡焚廬舍而去

四年七月有大星隕於西聲如霹靂又虎豹傷人

五年大飢山寇陳思皇陳德培四出劫掠攻陷城池縣主周星炳逃於花帝巖殉節

七年正月大雪盈尺
十年三月有白氣如花如毬飛揚滿天良久乃散
康熙二年閏六月大水十月彗星見西方百餘丈
十三年三月山賊陳德元老虎三馮鋐二乘耿精忠反攻城焚刧見城上有兵戈鐵馬火光燦爛蓋神兵也不敢攻而退
十九年大飢七月大水流重光寺二門金剛廳東鎮樓流民載道知縣董治國請發倉穀在重光寺煑粥賑邮十月彗星見
二十年大旱禾稻絕收
四十八年坪街火
四十九年旱大飢十一月火焚縣東門外文昌閣（江續旱災行）我今號泣呼穹蒼胡爲

滲降此災荒田禾槁死人流亡窮黎烏有顆粒蘊客秋歉收米價昂道殣彼此遙相望今春二麥喜登場耕[illegible]鼓腹幸小康四月之杪雨沱滂乘水翻犂遍插秧纔以耘耔頗匆忙詎意從此日亢陽咒龍鼓角喧禱禳吁嗟旱魃太猖狂焦金爍石火繖張野田煩乾龜坼長雖或微雨灑甘漿禾復抽青蘇焦黃無如烈火炎一輪驕陽駭駭生角芒再發三發起復傴枯莖不實蠶粃穰傍溪一帶近水鄉桔橰桸上挂山梁其奈五里十里空皇皇涓流早已竭池塘可憐三時作苦脫袴裳有秋失望空倉箱從茲婦子泣喤喤剝榆掘草日不遑如此赤地遍村莊飢民何以度星霜安得球荒大力濟時方一爲援手起瘡痍積財積福試婉商我言未巳墜落涕雙行(見韋治雜錄)

五十八年大水壞臺口永濟橋

雍正十二年七月泮池上聚五色雲精華層擁祥光耀目

乾隆九年十二月二十三日余德海倡亂劫奪十九都白雲殺增生黃正拔二十六日知縣駱騏駐防千總趙才巡檢傳幼學擒獲之

十六年七月十四日颶風大作飛瓦傾樹
十七年七月初八日東門外大水
二十年春二月雨雹
二十一年東門外火
三十五年大水衝決堤岸
五十年八月北鄉清涼橋圮於張
五十三年正月二十九日大雪
六十年四月大飢斗米易錢八百文
嘉慶二年秋霜隕禾穗
十二年南鄉虎患

十三年九月初十日東門外火

十四年七月有大星從東墜及天牛分爲數星隕如雨

十五年正月初二日雪如掌色赤

十六年八月十七日水漂民居無數

十八年有秋

二十一年四月清涼街火

道光五年九月地震有聲如雷民居多損壞

二十二年七月大水淹民居廬舍倒塌城中水入縣署乃取頭門永福縣懸額投巨浸中水勢始退

咸豐三年德匪林俊倡亂四月陷德化五月初十日知永福縣劉用

協偕總委王師儉張德彰帶勇二百名赴嵩防堵六月二十日斬

匪偵探於許春寺

是歲飢

四年大飢斗米價錢九百文

七年德匪竄擾各處知縣劉用錫協仝委員陳春熙遍赴各區諭辦

鄉團並於張地築礮臺禦之

同治三年七月初七日嵩口水圍地百餘畝變為深潭（王森芝秋張謠）盈千累百

飢民來搜遂高居溪之隈忽然連日雨不止溪流暴漲疾如駛倉

皇避水移城頭飢民苦旱今苦水旱魃為虐苦難言淫霖如漏尤

聲吞土人哭道稻將熟新穗泥

塗波底綠（見懷蛣山房集鈔）

八月彗星屢見

十一年春陰淋彌月鹽價湧貴

光緒二年三年連飢

十六年五月二十八日三十三都小溪大水計流棺木一十九具漂沒人口百餘壞田地千有餘畝知縣沈俊親赴該地勘災領發賑銀二百八十三元省賑濟局陳景詔領發賑銀三百元

十八年十一月二十九日大雪積地三尺

二十六年六月大水壞廬舍陂塘

二十八年夏旱鼠疫作自是連歲苦疫死者枕藉疫之作也鼠必先斃故人呼爲鼠疫

宣統三年七月十一日有黑雲起天半團圞如車蓋最後垂尾數十丈搖曳空中閃爍眯目

民國元年八月初一日一都水漂店屋無數以舊歷紀下做此

三年二月至六月德匪連刼三十六都上南山鄉下南山鄉及湖頭
嶺兜石塘等鄉

復更永福爲永泰以廣西亦有永福縣故也

四月初八日三十六都長潭村杉木廠獲尤匪池阿安兄弟兩人暨
蕭阿富等卽時解送后亭營劉連長處劉派隊押回尤邑中村就
地正法查池阿安係匪首蘇德僞南營將

六月初二日尤匪蔣子游陳子江林德煥等刦掠三十二都蓮坑鄉
侯坦書等計居屋被燬六所辦團生員侯占箕遇害擄生員侯海
觀暨侯方招等五人

二十三日三十二都大埔鄉協全長慶上洋嶺兜東洋等鄉以鄉團攻后溪匪巢斃匪十七人團兵陣亡十二人傷亦十餘人時陣亡者林德邦林聿發林聿新魏在達張堯智葉堯輝朱乾定朱道珍朱釗滿侯國逕葉春木魏得厚四年五月收其骨歸葬大埔之南標其碣曰義民之塚

七月獲尤匪林崇取洪阿言張德洋張阿蕭均槍斃

十一月二十八日匪掠赤嶺鄉殺居民林登源

四年春尤匪焚掠赤嶺鄉上漈鄉

三月十七日尤邑匪首將子游張來源被獲送省正法

六月十三夜匪掠三十二都溪兜槍傷三人斃一人

秋德匪蘇望舉尤匪林德煥鄭麒麟等連劫蓋洋鄉殺居民鄭宴章

等四人燬鄭姓屋四所

五年七月二十日午後有黑煙如冢入沙彎方阿燕家旋越鄰墻震宅而下轟然一聲風雨驟至屋瓦皆飛烈焰蓬蓬從屋梁出不數分鐘已成灰燼

十二月十六日西鄉凋冰

六年二月十八日德匪陳阿居方金水李丁貴刦掠三十六都彭坑鄉斃許其福一人

閏二月十六夜德匪陳阿居擄蓋洋保董許宴瑒等嶺頭坪鄉團聞警奔告王連長明禧王即督隊堵截瑒獲逃歸

七年正月初三日地大震

春旱自六年九月不雨至四月乃雨
清鄉保安隊第二營營長孫國鎮未就撫以前嘯聚數十人夏初據
白雲鄉之獅子巖兩宿拔隊去旋擄大洋鄉居民兩人五月入萬
蒲坑鄉保董羅如雲張錫章集鄉團數百禦之被傷一人北區團
總王紹沂馳謁知縣唐蔭爵連長鄭震東合派兵警協勦孫遂竄
伏隣轄然出沒無常五月二十九日復進攻大洋鄉與鄉團相持
三日夜孫潛遣心腹間道入張錫章住宅燼之衆心始慌遂奔計
燬民居七所檎斃李秋懷一人十月十二日官軍敗之於九老坡
僞排長金姓戰斃二十日孫欲吞併羣匪而有其衆誘斃王克勤
邱十九及其黨邱十六王章端王火四邱森官侯轄小葉鄉俗呼麻

先生等六人誠二人而八都十七都十九都六都七都一帶蹂躪
幾遍至十二月始就薩督辦鎮冰撫畀以令職
是月股匪蘇萬邦賴成源蘇國忠等六百餘人由長慶攻大蓮洋團
總林昇祺保董葉珪元連戰八晝夜擊走之大埔蓮坑上洋等鄉
賴以保全
七月十三日太原林峰自稱奉有粵軍委令聚衆東北其黨王克勳
何步青王欽等應之擁衆數百擊溺鹽商三人以爲縣城唾手可
得唐知事蔭爵遣鹽緝隊擊散之擒林德元林德鰲邱十三處以
極刑
八月十六日有粵軍旅長杜姓營長朱姓入嵩口鎮據之時洑口后

亭蓋洋下漈白口等鄉計被燬民居九所
二十九日股匪涂飛龍陳和順黃興賢賴成元等燬西區文藻鄉居
屋五十餘座
十一月初六日股匪黃進興陳和順燬西區民居六座復同涂飛龍
梁繼星等燬長壠民居七座擄女孩一人官路鄉兩所亙屋亦同
時被焚
是日粵軍司令將中正兵入縣城以書記官莫昌葵攝理縣事十二
日官軍克復之
十八夜匪擄斃二十九都居民四人
二十日官軍克復嵩口

十二月筍出地成竹

丹洋鄉匪首張鴻慶（即六八）聚衆分掠巫洋燕宿坪白箬限等鄉營長孫國鎮敗之於坑頭俘其黨八人二十日駐葛陳連長偵獲之八年正月初三日在縣城正法

論曰三代之治五季之亂興者祥亡者妖天時人事之戾常休徵咎徵如詔如示人人能言之也白起長平之坑劉石河洛之戮囘訖長安之焚耶律德光打草穀之虐金斡離不宋汴之殘黃巢方臘劉福通李自成張獻忠洪秀全輩所至燔掠死人如亂麻人人能言之也茫茫世變莽莽興衰上下數千年縱橫數萬里熟通掌故者若屈伸指而數庭樹而獨至咫尺之地眉睫之間紀載闕如老師宿儒不能詳其一二君子憾焉永泰地磽民貧宋元以前無苦大盜者明祚中衰倭患遂烈藪澤之雄又嘯聚憑陵遠近之逆奴凶竪懼罪逋逃者倚爲窟宅醜類雜居淫虐並起恃險阻聚亡命出則刦掠居則吞噬比比皆是謂治亂非天數耶則蛇鬥於門

麟獲於狩左氏之說不誣也謂皆天數耶則高宗正厥事周公代兄死宣王側身脩行旱不爲災之應不誣也世異時遠傳聞異辭繙閱舊本每有相顧撫掌大笑絕倒者後之視今猶今視昔彙存之俾數典者資攷証焉

楊宗彩修　劉訓瑺纂

【民國】闔清縣志

民國十年（1921）鉛印本

大事志

邑之治亂興衰關係於國家者甚鉅故爲治必始於邑邑不能有治無亂有興無衰際干戈擾攘地方糜爛民生凋敝邑之有司及士大夫宜如何奠定而廓清之俾山川重秀閭閻得以復業焉況年歲之豐歉關於天時世變之推遷關於人事皆與國家之政治大有影響尤秉筆者所宜詳也纂大事志而以災祥附焉

宋熙寧中大水入城官舍民居俱爲漂沒

紹熙二年四月霖雨至於五月大水侯官懷安古田閩清官民廬舍俱壞

明成化八年五月初四日暴雨平地水漲三十丈全邑災

二十一年三月雨不止至閏四月閩縣侯官懷安古田閩清連江羅源永福八縣俱大水民多溺死繼復大疫死者無算

正統十三年閩清遭兵火邑治爲之一空後知縣余珍涖任沙尤寇復來犯境珍率兵民禦却之

嘉靖三十八年倭陷福安道由連江徑趨閩侯懷三縣鄉都及閩清長樂福清地至六月稍稍解去

萬歷己酉秋洪水驟發城郭廬舍蕩然無遺

崇禎中尤匪犯邑六都里人黃卷督練丁禦之匪敗走次日復來挑戰卷躍騎追匪至十五都伏起卷遇害

尤匪竄入邑十四都盤據金沙堂大肆殺擄後經官軍包圍匪首

突圍出伏於龍潭兩岸官軍夾擊殲匪首餘黨潰

閩清六都練董劉五奇擊匪屢勝一日追匪至侯邑香帶續匪衆合圍奇死之

閩清邑治陷知縣陳其禮爲兵所執不屈男女死者十五人

清順治初永福縣人有自稱勤王義師者一路追脅甚衆至邑之六都玉阪村勒餉不遂遂縱掠焚燬廬舍無算後與清兵戰不利乃降於清

永邑七尺黃居作亂竄入閩清五七八九十等都擄掠焚殺無所不至有鄉六者與黃爾侯等同立義民社以保鄉閭居率匪黨圍攻五都龍溪土堡鄉六開槍擊傷居腋復與爾侯等追之居退至

永邑菰洋寨創重死匪乃平

尤邑紙山林姓與邑十一都池園村人有郤貧夜率衆至屠戮無算

尤寇郭子龍林忠張九仔等竄入邑十五都擄人焚屋民皆逃避

十二年山寇竊發直入閩清縣治焚掠無遺

十八年邑大水民居田畝漂沒甚多

康熙十三年耿精忠之亂駐防閩清千總鄒應元計賺僞官番著等十三員同時梟首縣治復捐資招募鄉兵保固全邑不受耿轄

五十九年庚子三月文廟階前產靈芝之一本

雍正六年閩侯長福及閩清五縣秋旱

乾隆元年十一月城內中街舖縣前舖延燒房屋一百餘間奉文發
帑賑卹
三年官圳孫桂家門前田內產嘉禾一莖三四穗不等是歲大有
秋
嘉慶中邑六都廣德寺有無鼻和尚精於拳勇技擊立天地會誘惑
愚民蓋會匪之黨羽也將起事閩清縣知縣居允敬請大吏撥兵
圍之獲無鼻和尚磔之脅從者免
道光二十八年大水邑漂沒田廬無算
三十年邑大饑
咸豐中髮匪犯閩各屬戒嚴閩清縣治及各都均設團練局事平始

撤

光緒二年五月邑大水田多漂沒

三年五月邑復大水近溪田舍均漂沒

六年八月廿四日邑大水一都地方尤甚

十年法國兵艦闖入福州馬江各屬戒嚴閩清縣治及各都均辦團練和議成乃撤

二十六年邑十七都等處人民多遭虎災

三十四年閩清縣奉文設立城鎮鄉自治會各都均成立惟三四五六七等都地方遼闊戶口繁盛總設一區名曰壽寧鎮自治會後停辦

宣統元年八月初六日邑大水成爲災區省述善社賑災民銀二千餘元

三年民軍起事閩清縣治及壽寧鎮均設團練局事定乃撤

民國三年八月邑十一都芝溪開辦團練以防尤匪十一月蒙機關槍連連長王獻臣贊助成立給付槍械子彈隨命本連排長劉兆祥駐紮訓練

四年福建巡按使許世英籌辦保衛團閩清縣知事楊宗彩奉文設立分全邑爲五區七團第一區第一團一都二都十六都屬之第二區第二團三都四都六都屬之第三區第三團五都七都屬之第三區第四團八都九都十都屬之第四區第五團十一都十

二都十五都屬之第四區第六團十四都十七都屬之第五區第七團十九都二十都二十一都二十二都二十三都二十四都屬之每團設團總一員團之屬有保保設保董一人保之屬有甲甲設甲長一人甲之屬有牌牌設牌長一人調查戶口實數並練丁以保衛桑梓仿古保甲遺制亦以補助行政機關也

三月芝溪團練董黃慶彩率練丁赴尤邑剿匪殲匪數人蒙　李

督軍賞銀一百元

芝溪團奉令改編爲閩清第四區第五團分設十一保練丁計百餘名屢出剿匪匪不敢犯十一都

五年尤匪竄入邑十四都之樫峰雲際城門等鄉勒捐擄人[illegible]

團團總張瓊貽練丁三十名扼守墘面鄉匪不敢犯
省派軍隊一排駐守邑十四都之尾洋村匪稍歛跡
六年邑十四都地方稍靖省派軍隊撤回
尤匪乘夜圍攻邑十二都保董公所保中練丁開槍與匪互擊斃
匪一人匪多受傷遂遁
邑十四都西北各都尤匪復至大肆擄掠人心惶惶夜則伏於山
上草間其被勒財物不可勝計
七年正月初三日午後邑地大震至夜連震數次
省派軍隊一連駐守閩清縣治
尤匪利用邑之姦民為之偵探以致十六十七十四十五等都皆

受搶掠之禍民多遷徙避難田畝半就荒蕪
三月匪首涂興福至邑四都勒捐第二團團總劉保恭派練丁擊
之匪夜遁
四月匪首余志明率隊至邑六都五台山上傳單勒餉駐縣連長
張順率兵擊之匪退走濎上鄉拋棄軍械甚多
永泰嵩口戒嚴省又派軍隊一排駐守縣治
六月初八夜第二團第四保保董劉訓藜派練丁追余志明至後
灣墘匪走遺失器械甚夥
匪首盧萬興率隊至邑十五都磁廠地方第二團團總劉保恭派
練丁擊之匪走拋棄旗幟物件甚多

六月十一日尤匪陳阿仁等率隊闖入閩清七都洋頭村第三團因設備未完不能抵禦五七等都被勒數千金

尤匪至邑十五都保林村勒索不遂焚劉姓住屋一座傷斃人民二人第五團第二團均派練丁攻之匪始退

七月十三日有自稱護國軍者數百人至邑五都茶口村駐縣王營警備兵二排合第二團丁壯千餘人攻之乃退

是月十六日駐縣閻連長派司侯二排長帶隊駐防第二團六都地方

八月初四日匪首石興壽進擾邑四都鳳鸞村司侯二排長與第二團團總劉保恭率隊及團中丁壯千餘人擊之匪走獲匪黨夏

惟容一名次夜鳳翳村被匪焚
九月初二日第二區團總派練丁簧夜攻石興壽於旗崙仙地方
匪敗走獲槍械旗幟甚多拏得匪徒羅裕新許培生陳伯子黃家
梅四名
九月初三日黎明有大旗書護國軍者數百人直攻縣治適連長
何志興在省排長李英賢率隊力戰且駕大礮擊之乃退李亦中
彈殂
匪犯第五區第七團團總余憲周率練丁禦之匪暫退後復結夥
數百人侵入下陽地方憲周赴縣請兵何志興派隊一排援之匪
始走散

匪復犯第七團憲周率練丁及本團人民夾擊之獲匪徒數人並槍械甚多

十月德匪蘇崇高吳庭春等至八九十等都勒捐第三團團總黃師勉請駐縣胡營長率隊攻之團中丁壯持械隨者千餘人至九都四甲地方駕大礮擊之斃匪十餘人奪得槍械甚多匪遁

尤匪大股盤踞邑之十一都登瀛村勒捐第五團團總黃樹萱命練董黃慶彩率練丁擊之斃匪數人

匪首劉阿五誘德匪數百人至十都之官潭官洋橫坑坑口芹菜壠等鄉擄掠男女及畜產甚多

第五團築礮台於邑十一都之芝山該山東望龍井隔兜西顧碗

廠橫洋南連潘亭寶山北接麗山福斗居高瞭遠可以射擊數里

八年福建督軍派半營長駐守閩清縣治分兵一連防守十六都

之白雲渡鄉自是道路始便於往來

按以上年月沿用舊曆

【弘治】長樂縣志

（明）王涣修　（明）潘援、劉則和纂

明弘治十六年（1503）刻本

祥異

唐大中間今縣治東一十里有溪流入濱
江夏暑時迅雷烈風俄有黑白二龍從濱
江飛起白者冢山之陽因名水曰白龍潭
黑者居山之陰因名水曰祥雲潭後於潭
側古才穴中獲卵殼大如斗玄黃五色〇
長樂檮有首石山鳴出大群十洋成市狀
元來之讖至永樂壬辰其山大鳴適三寶
太監延軍十洋街人物輳集有如市焉其
年邑人馬鐸狀元及第戊戌首石又鳴邑

錢福狀元及第

弘治十二年夏五月至冬十月不雨赤地彌望民大饑知縣王渙百方賑施賴以存活者甚多

弘治十六年春正月十九日夜馬江大風覆舟死者八十三人知縣王渙為懸賞募人求覓無主者埋瘞之且賑恤其家

【崇禎】長樂縣志

（明）夏允彝修纂

明崇禎十四年（1641）刻本

知長樂縣事禾郡夏允彝編

存往誌 誌存往者四曰災祥曰古蹟曰名宦曰丘墓

序曰昝往以詔來也觀于災祥知變所自召及所自消可以知天矣觀于古蹟名構丘墓知非德不重非賢不傳可以知人矣

災祥

唐

建中三年六月大旱井泉竭人渴且疫

開成五年螟疫

乾符五年十二月黃巢入福州邑民騷擾犇竄

宋

至道二年天雨黑豆

元豐八年十月五都東菴荔枝有實三十顆

元祐八年海風駕潮害沿海塘田

大觀三年大旱

紹興二年饑斗米千錢軍儲繁急民益艱食監司

移廣粟以濟

六年仍饑令部使者漕廣粟以濟

隆興二年正月不雨至於七月

乾道三年八月淫雨禾菽腐
淳熙四年五月大雨漂崩溪澗之田塘禾生耳
十年八月巳未雨至于十月乙丑
十一年旱次年饑無麥
十四年旱
十六年五月大霖雨
紹熙二年四月霖雨至于九月
五年九月雨至于十月
十一年四月不雨至于八月
開禧元年旱

嘉定十一年饑人食草根

十四年大旱

十六年秋大水壞稼

紹定三年蝗

嘉熙四年大旱

淳祐十一年旱

寶祐元年旱

咸淳十年大旱冬十月地震

德祐元年地復大震

元

元貞二年饑賑粟

大德六年大饑

至正四年三月不雨至于八月夏秋大疫

十四年大饑

二十七年十月丙辰雷雨地震十二月庚午又震有聲如雷

國朝

洪武九年丙辰風雨大作傷稼

十七年甲子六月十五夜雨大作海水漲溢隄防

二十年丁卯夏大旱民饑

二十一年戊辰七月淫雨五晝夜水漲異常傷稼

永樂十年壬辰首石山鳴讖云首石山鳴出大魁十洋成市狀元來是年山鳴適三寶太監駐軍十洋街人物輳集如市是科邑人馬鐸狀元及第戊戌又鳴邑人李騏亦狀元及第

十二年甲午大旱

景泰二年辛未夏旱

六年乙亥大旱連年不雨建劍人販米入境斗米十錢人賴以濟

成化十六年庚子十八都昆縣里平地突起小阜

高三四尺人畜踐之輒陷鄉人聚觀以爲異明
年復於其左湧起一山廣袤五丈餘是年傍近
居民大疫四月十一夜海賊掠江田人家
十八年壬寅七月大雨至八月朔漂禾稼壞公私
屋宇先是十一年二都半占山裂至是崩壓居
民廬舍死者二十七人
十九年癸卯六月十九日大風雨拔木發屋濱海
夷蕩尤甚
二十一年乙巳三月雨至閏四月浸傷禾苗繼復
大疫十月丁未地震起自西北有聲

二十二年丙午春旱五月以後大旱

二十三年丁未春旱無麥秋旱無禾民大疫

弘治十一年戊午春十九都靈峯高頂産芝三本

夏旱

十二年巳未五月不雨至于十月大饑上官移汀

鄰粟以濟

十五年壬戌十月馬江賊刼渡舟殺十六人

十六年癸亥正月十九日夜馬江大風覆舟死者

二十三人二月大雹

十八年甲子七月大水半月不退禾稼淹腐

正德二年丁卯旱

四年己巳禾稼吐頴被烈風傷殘專奏蠲租之半

七年壬申夏大旱

九年甲戌春夏大疫

十年乙亥二十三都陳塘港沙合古讖云陳塘沙港合士子勝莆田相傳爲多士彙征之兆

十二年丁丑春大旱

十三年戊寅六月十九日夜分海潮突入高二十餘丈聲震若雷淹近海民居大饑知縣曹鐩請賑是年春廳事前枯荔重榮

十四年己卯春霖雨霜雪六十餘日

十六年辛巳旱

嘉靖四年乙酉梅花海水忽赤經旦復清魚蝦可數

五年丙戌正月雨至于四月五月不雨至于七月田禾無實知府江文盛奏蠲是年田租

六年丁亥春地大震

七年戊子旱

九年庚寅四月初七日晡太甞山鳴

十六年丁酉夏四月不雨至于七月禾絕收

十七年戊戌春旱
十八年己亥六月日午驟雨大作轟雷閃電六都
前山火起石礶上數處並起煙焰甚烈雨甚而
火益熾閏七月十八日颶風拔木壞官民屋宇
橋道塘岸崩陷
二十年辛丑獨長樂春雨至四月十五日止是月
十六日旱至次年癸卯四月二十八日乃雨連
年饑饉疫疾間作
二十三年甲辰春疫旱田多曠耕麥秕五月十六
日乃雨六月中旬磁澚海水翻魚蝦皆斃颶風

繼作復大疫十一月二十五日雷震十二月初二日地震

二十四年乙巳自舊年十月不雨至是年三月民疫無麥穀價騰踊民斸草根屑木皮食之道殣相屬巡按何維栢檄官分賑

二十九年庚戌自舊冬不雨至是年春無麥五月六月不雨田禾枯槁

三十二年癸丑夏四月海賊刼二十都小祉

三十四年乙卯十一月倭夷寇海口李縣募義兵往援應募者多感恩人初戰少捷再戰于龍江

橋橋隘巳非戰地會水兵銃發煙罩賊乘煙奮擊兵遂潰

三十五年丙辰正月十三日海口倭夷繇本縣石尤嶺逾閩縣欽仁里遁去

三十六年丁巳三月倭夷千餘自浙東抵福寧登岸焚刼洪塘等處迫福城外擁巨艦斷尾揚帆下馬江儀瀛前三日分數十小舟入諸港寇二都三都殺十餘人沿鎮入海

四月六石松下南賊水陸沓至居民奔竄

六月稅間架增夫徭

八月十九都金漈湖産嘉禾二瓿許秀而實其種
非里中所有或云蒹葭幻成
十月倭夷突至洋嶼邑城戒嚴僉事盛唐提兵駐
馬江亭次日兵從二都三都往福清沿途剽刼
焚三都民居
三十七年戊午四月倭夷千餘繇閩安鎮焚刼瀛
前卒至邑城下沿長與江至坑田焚舟登岸撈
羅芹山絕頂度石尤嶺往福清城陷
五月初二日倭夷一千餘繇六都竹田嶺八都[illegible]
嶺二路入屯三溪將逾感恩迫縣治舉人石震

生員曾汝魯等率衆斷橋禦之憑溝夾岸以戰
又從六都催兌溝進遇古縣下村青山下民兵
戰北歸屯三溪十二日分四路遁去一繇竹田
嶺一繇埛嶺一繇大溪山嶺一繇長林湖俱往
福清二十七日入海叅將尹鳳秦經國田某等
督舟師邀擊至江田澳會都指揮使黎鵬舉將
舟師南旋夾擊遂破之沉賊舟過半時巡撫王
詢有諭感恩民兵文
七月陳坑渡舟沉死者二十餘人
九月民間鬨傳馬騮精爲祟巡邏鳴金擊鼓若防

巨寇者十餘日
十月雷震
十一月地震
十一月松下民陳天養偕幼子樵于煙墩山遇暴風忽失其子是夜暴風掣戶又失其父後謁巫治之竟無所得
三十八年己未三月至六月倭夷先後繇福寧麂鼓嶺焚刼福城外浮馬江而下復從閩安鎮瀛前入三叉港叉循福清出埔嶺抵三溪等處布滿南北鄉自增礅遂谷以至遐陬僻巷悉搜剔

無遺又淫雨滃霧兵火逾三月斃胔相望四月二十六日迄二十九日日夜攻城先贛州守備來熙帥兵入守用鳥銃擊傷百餘賊解去城上被傷者十餘人自備守至解嚴七十餘日閭落居民暨閩縣福清連江附近居民避賊入城者衆蒸染成疫每日四門出百餘屍五月二十一日大風雨七日夜平地水流有聲廬舍傾頹

三十九年庚申四月倭夷寇北鄉巡撫劉壽帥親兵馳馬挾弓赴之遇賊于壺井山下應弦斃二酋賊方駭潰而我師旋歸矣賊得乘汝縣七都

仙橋逾八都埬嶺遁去六月初四日漳南海賊
刼沚頭初八日刼小社夜半復襲刼小社殺數
人擄數十人入海秋上官移文停罷催徵
四十年辛酉四月二十四日倭夷寇北鄉二十五
日寇西南鄉殺掠無筭二十六日越石尤嶺往
福清五月十八日復寇北鄉十九日乘汐至七
都仙橋逾八都縣埬嶺往福清
四十一年壬戌四月十四日倭夷寇北鄉縣十四
都乘汐突至江田往福清又至二十都屯沚頭
山千戶孟某巡簡范鶴率兵戰于燕石鄉兵助

之賊刼奪漁舟入海是秋賊久屯福清浙福副
總兵戚繼光帥兵勦捕兵駐邑城經二都三都
四都五都秋毫無犯焉夜薄賊營殲之凱旋復
經邑治士民歡迎嗣是屢戰屢捷夷氛漸息冬
戚入浙募兵興化城陷
四十二年癸亥三月倭夷寇二十都二十八日寇
十九都擄四十餘人四月巡撫譚綸滋鎮戚兵
至自浙大破賊于平海復興化城
四十四年乙丑秋西隅火延燒民屋百餘間
隆慶五年辛未夏旱

萬曆元年三月東隅鄭大智家産芝一本

二十二年大饑貧民多搶穀撫院金學曾准生員鄭建邦呈請發本縣倉賑給軍民各縣體例又新得番薯種教民栽種至今番薯之利大普咸曰金軍門也

三十年八月二十五日馬渡河南渡沉于礪西礁溺死一百五十餘人

三十四年春二十三都後山地方突生猪毛遍野次年亦然

三十六年十八都東山洋平園突起高四五尺号

圍六丈餘

四十二年九月二十一日後山民房發火燒菌存其藥少頃龍從鼓尾潭起大雨滅火魚船四隻爲龍攝去墮地粉碎又攝網户鄭進德過二里餘墮田中擡回十餘日尚極臭如銅

崇禎三年六月海賊登松下居民禦之退八月初十日都海佬又以百餘船登從山倒圍苑傷甚衆

四年七月初二日海賊復登松下殺人放火

五年三月麥將熟大雨雹如拳從連江縣治過莆

盛山幾半邑麥無粒收

六年六月二十二日海賊劉香駕船三百號自定海所抵梅花澚而入内港焚燒民屋後山澚民集萧盛山禦之本地得不入

九年劉香大夥賊船登松下澚殺人放火居民逃竄三日絶烟

十二年八月十六日風雨倏作拔樹發屋海邊尤如洗

十四年三月初一日菴頭渡沉溺死者五十餘人

至八月初一日大風拔木飄瓦壞廬舍甚多

【民國】長樂縣志

孟昭涵修　李駒等纂

民國六年（1917）福建印刷所鉛印本

災祥附

唐建中三年六月大旱井泉竭人渴且疫　開成五年蝗疫　乾符五年十二月黃巢入福州邑民騷擾奔竄

宋至道二年大雨黑豆　元豐八年十月五郡東庵荔枝有實三十顆　元祐八年海風駕潮害沿海塘田　大觀八年大旱　紹興二年饑斗米千錢軍饟繁急民益艱食監司移廣粟以濟　六年仍饑令部使者漕廣粟以濟　隆興二年正月不雨至於七月

乾道三年八月淫雨禾稼腐　淳熙四年五月大雨漂崩溪澗之田塘禾生耳　十年八月己未雨至於十月乙丑　十一年旱次年饑無麥　十四年旱　十六年五月大霖雨　紹熙二年四月霖雨至於九月　五年九月雨至於十月　十一年四月不雨至於八月　開禧元年旱　嘉定十一年饑人食草根　十四年大旱　十六年秋大水壞稼　紹定三年蝗　嘉熙四年大旱　淳祐十一年旱　寶祐元年旱　咸淳十年大旱冬十月地震　德祐元年地復大震

元元明二年饑賑粟　大德六年大饑　至正四年三月不雨至於八月夏秋大疫　十四年大饑　二十七年十月丙辰雷雨地震

十二月庚午又震有聲如雷

明洪武九年丙辰風雨大作傷稼　十七年甲子六月十五夜雨大作海水漲溢隄防　二十年丁卯夏大旱民饑　二十一年戊辰七月淫雨五晝夜水漲異常傷稼　永樂十年壬辰首石山鳴讖云首石山鳴出大魁十洋成市狀元來是年山鳴適三寶太監駐軍十洋街人物輳集如市是科邑人馬鐸狀元及第戊戌又鳴邑人李騏亦狀元及第　十二年甲午大旱　景泰二年辛未夏旱六年乙亥大旱連年不雨建劍人販米入境斗米十文錢人賴以濟　成化十三年平地起一山高二丈餘橫廣八尺山旁一池忽生大蜆味最佳人爭取食不數日患痢死者千餘人　十六年

庚子十八都昆由里平地突起小阜高三四尺人畜踐之輒陷鄉人聚觀以爲異明年復於左湧起一山廣袤五丈餘是年傍近居民大疫　十八年壬寅七月大雨至八月朔漂禾稼壞公私屋宇先是十一年二都半古山裂至是崩壓居民廬舍死者二十七人十九年癸卯六月十九日大風雨拔木發屋濱海夷蕩尤甚二十一年乙巳三月雨至閏四月浸傷禾苗繼復大疫十月丁未地震起自西北有聲　二十二年丙午春旱五月以後大旱二十三年丁未春旱無麥秋旱無禾民大疫　宏治十一年戊午春十九都靈峰高頂產芝三本夏旱　十二年已未五月不雨至於十月大饑上官移汀郡粟以濟　十五年壬戌十月馬江賊刼渡

舟殺十六人　十六年癸亥正月十九日夜馬江大風覆舟二月大雹　十八年甲子七月大水半月不退禾稼淹腐　正德二年丁卯旱　四年己巳禾稼吐穎被烈風傷殘事奏蠲租之半　七年壬申夏大旱　九月甲戌春夏大疫　十年乙亥二十三都陳塘港沙合古讖云陳塘沙港合士子勝莆田相傳爲多士彙征之兆　十二年丁丑春大旱　十三年戊寅六月十九日夜分海潮突入高二十餘丈聲震若雷淹近海民居大饑知縣曹鐡請賑是年春廳事前枯荔重榮　十四年己卯春霖雨霜雪六十餘日十六年辛巳旱　嘉靖四年乙酉梅花海水忽赤經旦復淸魚蝦可數　五年丙戌正月兩至於四月五月不雨至於七月田禾無

實知府汪文盛奏蠲是年田租　六年丁亥春地大震　七年戊子旱　九年庚寅四月初七日晡太常山鳴　十六年丁酉夏四月不雨至七月禾絕收　十七年戊戌春旱　十八年己亥六月日午驟雨大作轟雷閃電六都前山火起石礶上數處並起煙焰甚烈雨盛而火益熾閏七月十八日颶風拔木壞官民屋宇橋道塘岸崩陷　二十年辛丑獨長樂春雨至四月十五日止是月十六日旱至次年癸卯四月二十八日乃雨連年饑饉疫疾間作　二十三年甲辰春疫旱田多曠耕麥秫五月十六日乃雨六月中旬磁澳海水翻魚蝦皆斃颶風纔作復大疫十一月二十五日雷震十二月初二日地震　二十四年乙巳自舊年十月不雨至是

年三月民疫無麥穀價騰踊民劚草根屑木皮食之道殣相屬巡按何維柏檄官分賑　二十九年庚戌自舊冬不雨至是年春無麥五月六月不雨田禾枯槁　三十六年八月十九都金溙湖產嘉禾二畝許秀而實其種非里中所有或云蒹葭幻成　三十七年九月民間鬨傳馬騮精爲祟遊邏鳴金擊鼓若防巨寇者十餘日　十月雷震　十一月地震　十二月松下民陳天養偕幼子樵於熖墩山遇暴風忽失其子是夜暴風掣戶又失其父後謁巫治之竟無所得　三十八年五月二十一日大風雨七日夜平地水流有聲廬舍傾頹　四十四年乙丑秋西隅火延燒民屋百餘間　隆慶五年辛未夏旱　萬曆元年癸酉三月東隅鄭大智家

產芝一本　二十二年甲午大饑貧民多搶穀撫院金學曾淮生
員鄭建邦呈請發本縣倉賑給軍民各縣體例又新得番薯種教
民栽種秋收大獲名曰金薯　三十年壬寅八月二十五日大風
覆舟　三十四年丙午春二十三都後山地突生豬毛遍野次年
亦然　三十六年戊申十八都東山洋平園突起高四五尺圍六
丈餘　四十二年甲寅九月二十一日後山民房發火燒崗存其
葉少頃龍從鼓尾潭起大雨滅火魚船四隻爲龍攝去墜地粉碎
又攝網戶鄭進德過二里餘墜田中遶回十餘日尚極臭如銅
崇禎五年壬申三月麥將熟大雨雹如拳從連江縣治過甯磁山
幾半邑麥無粒收　十二年已卯八月十六日風雨怪作拔樹發

屋海邊尤如洗　十四年辛巳八月初一日大風拔木飄瓦壞廬
舍甚多

淸順治五年戊子春旱　十六年己亥七月二十八日颶風作　康
熙十八年己未五月大風　十九年庚申大水　三十年辛未大
風發屋　三十五年丙子旱無秋　四十五年丙戌春旱禾未插
四十七年戊子疫　六十年辛丑正月二十七日大雨雪是年
大有秋　雍正元年癸卯夏大水　六年戊申正月二十八日大
雪六月初四日白龍現空中鱗甲俱見秋旱　乾隆二年丁巳八
月十五日夜颶風海漲沿海人居多飄溺　三年戊午五月東隅
鄭銘書館井出醴泉　五年庚申五月朔辰刻日食既　七年壬

戌夏蝨禾不花　八年癸亥冬彗星昏見西方　十二年丁卯秋旱早晚缺收免賦冬十五都涸井中湧甘泉　十五年庚午八月初八夜大風　十六年辛未七月十四日大風雨　十七年壬申秋大水　十八年癸酉疫　二十年乙亥八月十六夜有星孛於南方明如月　二十五年庚辰七月初九日午刻十六都華齡寺前龍起挾小兒空中丈餘墜下　四十八年癸卯夏風災拔木壞屋　五十九年甲寅秋八月大雨一日夜溪水漲溢淹壞汾陽王後殿冲倒太平橋亭　六十年乙卯夏大饑穀貴每挑價三千六百文　嘉慶九年甲子夏秋大雨芝山六平山皆有崩陷　十四年己巳六月十八日辰刻風災拔木屋瓦如飛屋弊如簸幸止一

時許　十五年庚午春正月念九夜雷電大雨雹樣如雞子秋七月初六夜彗星如帚天河邊射入西長丈餘九月河南林清教匪變十月詔拿朱毛俚　二十年乙亥春夏不雨早稻絕收　二十二年丁丑秋九月初七夜縣吏戸禮三房儀門一座被火延燒　二十五年庚辰秋七月吐瀉盛行起西門漸移東門人死極衆至九月遍南北鄉十月始息　道光元年辛巳秋吐瀉又作　四年甲申自夏至秋不雨　六年丙戌大饑穀價每挑三千六百文　十年庚寅秋疫盛行　十二年壬辰正月初六日大雪約二尺三月饑穀價每挑三千文八月近海一帶鹹潮漫入平洋田廬盡淹　十四年甲午歲饑每挑穀價四千文五月大水七月鹹潮湧起

十餘丈壺井棺木漂至北山一路蛙黿蛇蟣龜死不計其數潮退兩日臭不可聞　十六年丙申春夏大旱秋吐瀉大作　十七年丁酉春夏瘟病盛行　十八年戊戌瘟疫大作　二十九年己酉冬癘盛行　三十年庚戌除夕大雪　咸豐元年辛亥正月朔日有食之秋冬之交吐瀉大作　二年壬子夏風災　三年癸丑六月十九日大風雨損禾稼至七月初一始霽南向垣墻損壞者十有八九未幾延平變起　四年甲寅五月初三日大雨傾盆太平橋欄被溪水衝折橋下塘壞水淹司馬第下馬道人家低者有八九尺高者亦有尺餘　五年乙卯春夏不雨早晚稻絕收遍地皆種紅薯秋薯蟲遍生大如拇指薯葉被食殆盡先是天雨荳次日

莢皆變成蟲卵以致蔓延冬至以後變爲蛾縮若花生仁土人煨而食之味甚甘香種遂絕是歲大饑穀價每挑三千六百文　八年戊午彗星入文昌宮　十年庚申有彗星射紫薇垣　十一年辛酉日月合璧五星聯珠　同治二年癸亥正月十五日大雪深一尺餘　三年甲子三月十八日大雨雹自閩邑入境歷陽夏龍門等鄉從風門嶺沿海東北而去他鄉無異六月二十五日大風至七月末止屋破墻崩不計其數　七年戊辰秋治嶼一帶海潮漫入　八年己巳春夏大雨水秋旱北鄉一帶薯蟲又生　光緒三年丁丑八月十五夜颶風大雨二日始止　八年壬午七月初四日至初八日大雨河水漲高數尺　十年甲申七月蚩尤旗星

出東方光長約二丈大數尺　十五年己丑八月早晚稻歉收
十八年壬辰十一月二十八夜大雪深一尺餘　二十一年乙未
四月念七日大雨兩日河水漲高數尺　二十八年壬寅正月至
三月不雨早稻歉收　宣統元年己酉八月初二日颶風爲災壞
廬舍沉船隻甚多　二年庚戌五月旱早稻歉收　三年辛亥正
月初一日雷鳴
民國元年壬子六月二十七日大雨二日河水漲高三尺餘　三年
甲寅六月早稻熟而未刈大雨三日水深沒禾穀盡生芽　五年
丙辰秋旱晚稻歉收

黄履思等纂修

【民國】平潭縣志

民國十二年(1923)葉于飛鉛印本

附災祥

清 乾隆十三年大風成災俗作颱[illegible]從府志作災

十四年又災海沙隨潮壅上近海鄉村悉遭壓廢

道光二年七月暴雨晝夜不休漂沒田廬無數

十二年十一月大雪平地盈尺

二十四年平潭街街南火焚商肆數十家

二十五年七月二十夜颶風毀屋拔木損田園沉澳船海壇營戰船泊於竹嶼者同時覆沒死弁兵數十人施天章氏作風雨篇哀之

風雨篇　　施天章

潭江日黑水鬼哭哭聲慘慘陰雲蹋上天怒赫那可回風伯雨師橫施毒丙午七月有二十旁晚秋聲但謖謖飛廉威令忽然下大江南北無完舳欲剗高山作平地更刮平地向天撲一掀一簸未嘗停驟雨如盆翻不足霎時風雨一齊歇缺月猶懸東

山曲三更雲合聲驟來颶母知他要報復人言雄風勝雌風豈
料雌威更慘酷勒轉西南叉東南海水攪翻當頭覆羣龍酣鬥
如轉蓬萬馬駭奔亂飛鏃豁刺一聲山岳崩半空忽舞千年木
千年木舞枝亂擲敗瓦壞扉互相逐天地昏黑水淋漓啼號那
辯人和畜杜陵茅屋破掀空而況鰕舟如鰕粟曉來敗板如山
積隱隱哭聲仍相屬江頭有路無人行打叠浮尸知誰孰哀哉
上帝降鞠凶故令魚鱉食人肉浩刦難消昆明灰炎威竟燼崑
山玉滄桑豈必歷年代半宵猝變人間局我望海天長嘆息帝
心原造蒼生福誰調元化失其平怨讟乃招殃咎速死者長已
且弗論禾黍更憐光禿禿游魂乍見逐游魚餓殍行看滿溝瀆

雖對大風發浩歌難望南風飽空腹憂懷何處問靑天澒洞茫

茫江水綠

咸豐二年南街火又焚商肆數十家

三年六月十八日颶風起至七月朔息施天章氏復作颶風賦

以誌奇災

颶風賦有序以具四方之風爲韻　施天章

按東坡有颶風賦只言颶風之狀不及颶風之爲害意似未盡癸丑六月十八日颶風發大木盡拔乘以暴雨破民屋不可勝數時旱稻方熟未及收穫悉遭漂溺沿海一帶復被波臣淹沒數千里田廬蕩然至七月朔日始開糴穀價驟騰民

既無所棲身又無所得食爲魚爲殍不可言狀因擬斯賦

季夏之月晝將暮斷虹懸密雲布日走匿而驟晦雷欲奮而仍住天地昏黑而有盛怒客告予曰颶風至矣即走而不及回顧俄而鷄犬奔牛馬怖大木拔懸崖仆風伯前驅雨師後赴排闥踢戶禦之無具則見卿枚疾走如赴敵之師轉閃無前如追奔之騎沙石團摶魚龍爭戲舞材木於空中擲瓦榱於雲裏破杜陵之屋不知其幾千萬間偃成周之禾無論乎上中下地未沒城者三板洪濤蹯晉陽之根乃在水之一方比戶把屈平之臂予亦閉門而舉止倉皇飧夜而聚謀徙避火不舉者再三身幾危於數四此蓋颶風之乍來實生平未見之災異也無何銅烏

忽定鐵馬不颸西北浮雲暫歛東南鐵颶復張效倒行而逆施
遑報復而披猖誅防風之後至戮飛廉於海疆觸蚩尤而天柱
再折戰鉅鹿而地軸踉蹡無堅不破無剛不殘雨乘風而益暴
風助雨而更狂崇山峻嶺以背嵬攻之則巘嶪倏化爲康莊頽
垣牘檻以例戈掃之則堂室盡撤其偏傍而低田之地與高原
之鄉則但見濁流巨浪倒連屈注而滔滔滾滾汪汪洋洋無有
能辨其爲東西南北之方加以陽侯助虐海若誓師馮夷操桴
天吳揚旗前有胥後有種素車白馬往來衝突而奔馳萬灶移
屯於精域三軍戰沒於水犀白浪共黃流交鬭谷王與河伯相
持濤聲挾怒於風聲一吼則地天俱動潮勢宣驕於兩勢小側

則山岳爲欹浮巨石於半空三十六島無從指數覆餘皇於大陸十萬艘靡有孑遺蔽江壞木滿地浮屍傷心慘目不忍覩之蓋如是者十有三日而後止也乃盡掃山川人物而一空室有基而力難卜築田有粟而芽長成叢薯芋作龍堂之貢桑林爲蛟室之供萬戶息炊煙之白三農生眼波之紅予乃驚魂定憂心忡慼陵谷之忽變念民生之終窮雖颶風爲宇宙所恆有而奇災乃古今所未逢倘非戾氣之所召何以數千里民舍物產舉一覆於旬日之中繼自今死生饑餓流離轉徙吾不知其所以終隣境乏魯侯之弔脩詞愧御說之工聊備誌乎變異且以俟乎採風

咸豐十年六月大風雨發屋拔木

十月大風雨

十一年七月大風雨晝夜不休海溢漂沒田廬

十月錦豐當肆火

同治三年七月大風屋瓦皆飛

四年大有年

十二年五月竹有實如米

光緒十八年十一月二十八夜大雪平地三尺

十九年二麥豐登

二十五年六月二十七日颶風拔木七月二十四日復發八月

十五日又發廬舍盡毀田野蕩然漂沒船舶無算

光緒三十年正月十五夜北街火焚商肆民居數十家

宣統元年八月朔大風雨壞民田宅

三年元旦大雷雨山岳震動秋大饑

民國八年正月初三日辰刻地大震夜戌刻又震

七月大風雨數日不休海潮高數丈淹沒田廬無算八月二十

五日午後三時颶風挾猛雨至海潮怒張雨水壅積平地水深

數尺田園淹沒發屋沉舟無算踰日始息

（清）懷蔭布修　（清）黄任、郭賡武纂

【乾隆】泉州府志

清光緒八年（1882）補刻本

泉州府志卷之七十三

祥異 紀兵附

物易其常則祥異生焉感召之原必有所自矣至于兆之既形祥不必其爲福異不必其爲菑尤以承之弭之者之在乎人爲也夫封疆之守祥莫大於寧謐異莫大於寇氛然往往天象未垂而民氣先之識微知著思患預防則菑遠而福集此必然之理也書曰師尹惟日可弗省歟作祥異志附以紀兵

唐貞觀二年泉州蝗 闕書

二十一年八月泉州海溢 文獻通考

宋太平興國八年八月泉州大風爲菑 隆慶府志

至道三年五月泉州甘露降 閩書

咸平三年二月泉州甘露降 萬曆府志

天禧五年三月泉州甘露降 福建通志

治平三年夏六月泉州大雨城市水漲壞民廬舍數千百家 閩書

四年秋泉州地震 文獻通考

熙寧二年泉州大風雨水與潮相衝泛溢損田稼官私廬

舍文獻通考

十年泉州饑萬歷府志

紹聖三年泉州粟一本五穗八穗是年七月泉州大水三日壞城郭廬舍隆慶府志

崇寧元年泉州大旱水泉涸民多暍死閩書

大觀四年十二月二十日泉州大雪文獻通考

紹興三年七月丙子泉州水壞城郭廬舍文獻通考

隆興二年泉州饑隆慶府志

乾道三年五月泉州郡城火是月大雨四旬不止閩書

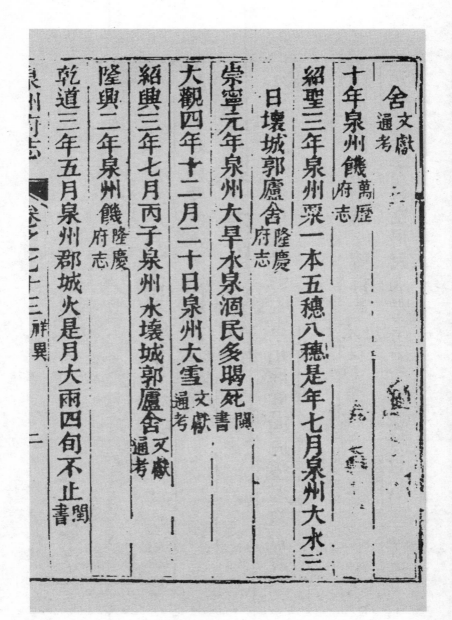

淳熙元年十二月丁巳泉州火燔城樓延燒五十餘家是年無禾文獻通考

十一年四月至八月不雨是年無禾隆慶府志

嘉定九年泉州大水流田廬害稼文獻通考

十六年秋泉州大水壞田稼文獻通考

元至元二十七年二月癸未泉州地震丙戌復震六月大水元史

泰定元年泉州饑賑糶有差元史

元統元年六月泉州大水漂民居數百家元史

至正二年九月泉州大風雨閩書

九年七月庚寅泉州大風雨元史

十年十月乙酉安溪縣佚山鳴元史

十三年七月泉州雨白絲海水日三潮元史

十四年泉州旱種不入土人相食元史

二十六年七月丙辰同安縣大雷雨三秀山崩元史

二十七年二月癸未安溪縣地震安溪縣志

明洪武九年泉州大水漂沒民居無數福建通志

二十一年四月壬申泉州地震五月庚子地復震八月壬

辰又震閩書

二十九年十二月壬辰泉州地震閩書

三十一年泉州大水壞民廬舍萬曆府志

永樂九年南安縣金谿橋災南安縣志

十四年泉州饑雍正志稿

正統十年五月泉州大水壞城郭廬舍閩書

景泰二年泉州旱萬曆府志

六年泉州旱雍正志稿

天順二年泉州饑隆慶府志

成化十二年泉州大旱饑福建通志

二十一年自春徂夏泉州積雨連月晉江南安同安三縣田廬禾稼多壞閩書

二十二年春夏旱禾苗俱槁秋復旱民多流移九月地震三次隆慶府志

二十三年春泉州旱無麥秋大旱無禾閩書

宏治六年七月初三日泉州大風雨自卯至申揚沙石開元寺西塔頂傾折林木無數城鋪粉堞頹十之九壞官私廬舍商船民船不可勝計是年大有秋萬曆府志

八年九月八日地震萬曆府志

十年安溪縣三公峯崩聲如雷萬曆府志

十一年四月大水萬曆府志

十二年泉州自夏至冬大旱甘蔗生花結實如黍是年饑萬曆府志

十三年三月地震有聲閩書

十四年正月十七日泉州地震是年大旱無禾安溪縣今山崩明史閩書合纂

十五年泉州地震福建通志

十六年七月九月泉州大水漂沒民居安溪縣志

正德四年南安縣金谿橋災南安縣志

八年泉州旱饑民採草木實有餓死者閩書

十一年八月泉州地大震安溪縣午山又崩閩書

十二年八月安溪縣地震聲如雷是年泉州地生毛一夜長二三寸或四五寸有白有黑兩閱月乃沒閩書參安溪縣志

十三年南安縣麥一莖兩穗同安縣麥一莖五穗隆慶府志

十四年泉州地震明史

十五年三月二十五日安溪縣地大震聲如雷隆慶府志

嘉靖六年十月南安縣二十七都牛生人 閩書

七年八月初九日同安縣大風拔木發屋至初十夜雨下如注風乃止是年安溪涂山中松梢結飴如白糖味甘香人取啗之愈宿疾 萬曆府志安溪縣志合纂

十一年冬泉州雨雪次年大熟 福建通志

十五年丙申十六年丁酉泉州旱民多餓死 閩書

十七年同安縣甘露降凝木末如飴御史李元陽奏聞進薦太廟 閩書

二十一年五月十三日日將晡時同安縣海中氣蒸如霧

有斷虹飲海而起日下赤雲夾擁南飛夜分大風起屋瓦盡落大木悉拔萬曆府志

二十三年五月泉州南門橋十字街燔民居三百七十餘間是年至明年泉州相繼大旱民餓死者載路通志萬曆府志

合纂顧珦與郡太守書畧珦聞之陽能和陰則雨降若歲大旱則陽不和陰可知陰不侵陽則地靜若地頻動則陰干於陽又可知此不易之論也吾泉自冬徂夏亢旱不雨正二兩月地動六次天之示人顯矣可不恐懼脩省也哉昔成湯憂旱六事自責國宜憂旱側身脩行古人應天以實不以文也仰惟執事投香明神沿途禮拜所求雨澤可謂誠懇矣其如后稷不克上帝不臨何況今災麥無收因晴難種百姓困窮朝不及夕嗷嗷待哺將委溝壑夫物極則變禍深難測不可不早為之處也且救荒之政散利薄徵緩刑舍禁最是切要伏乞將今

歲全災作速奏報遐邇饑莩發粟賑濟未納錢糧暫爲停徵招徠商船兩平糴買無情健訟勿行勾攝監禁輕犯合其召係應天意可回矣願執事留念爲生民幸甚生民幸甚（又書）老夫耄矣素不敢干預官府之事因見吾泉今歲旱傷重大百姓艱食曾陳救荒之策諒徹台聽矣茲又喋喋干聒何哉蓋吾泉同罹之災間或有之雖守者之弗戒實氣數之攸積有燒燬一兩家者甚乎延燒一二十家者未有若近日南橋之變延燒四街計其房屋共三百七十餘間計其焚燒致死十有餘人計其房價家貲燒毀搶失共銀十餘萬兩計其露宿之食之民共四千六百有奇民患於露宿非錢財不可以堅屋民患於乏食非穀粟不可以濟饑此理之必然也按左氏鄭災子產臨事而備寬其征與之財三日哭國不市使行人告於諸侯陳不救火許不吊災君子知其先亡也恭惟朝廷設官本以爲民學者立心亦期及物今南橋四街百姓方遭饑饉薦臻之時又罹焚蕩赫烈之慘富者尙能支持貧者將何賴乎以德消變轉災爲祥於仁人君子深望焉近聞大巡藩臬諸公於禱雨赦荒

議獄省刑最爲留念執
事本當奉行至懇至懇

二十六年八月泉州大雨水漲人家四五尺閩書

二十九年冬訛言有馬精者其來見火星隕地婦人犯之輒昏仆以桃柳枝鞭之乃甦否則死郡曉戶懸桃柳夜則聚婦女露坐男子環守之鳴鑼鼓達旦有司禁不能止有黃冠者鬻符於市捕訊之果得所謂火星泉始釋然妖遂絕福建通志

三十七年同安縣鴻漸山石墜自五月至十一月大荒疫閩書

三十九年南安縣堂下荔樹冬花結實纍然南安縣志

四十一年泉州郡城大疫人死十之七市肆寺觀屍相枕藉有闔户無一人存者市門俱閉至無敢出閩書

四十二年南安縣有魚長丈餘自海入黄龍江泝金雞而上困于淺沙數日死南安縣志

四十三年五月泉州淫雨不止大水入郡城鄉村皆浸人畜多死閩書

四十四年二月十七日同安縣疾風雷雨未時忽昏如夜咫尺不辨色至申晝乃稍開霽是年十二月初六日泉

州大雪深三四尺人以爲異福建通志

四十五年正月元夜泉州地震牆屋皆動五月二十一日

夜大風雨聲如雷壞城堞禾稼閩書

隆慶元年正月二十九日酉時泉州地震二月二十一日

未時小震四月初三日酉時又震四月初八日雨至五

月初一日乃止是月有豹入郡通淮門隆慶府志

二年正月十四日泉州石笋橋第十二坎石樑鳴三日而

折是年泉州大有年閩書參通志

萬曆元年泉州大有年福建通志

二年八月四日地震紫帽山裂九月雨三日水驟漲郡城東南隅尤甚市可行舟廬舍傾圮瀕溪民畜溺死無數萬歷府志叅三陵稿

七年正月不雨大旱蝗民饑饉六月乃雨閩書

八年同安縣饑閩書

九年五月同安縣長興從順里蛟起大雨如注漂流人居有溺死者同安縣志

十一年八月至次年正月陰雲不開雍正志稿

十二年泉州大有年閩書

二十二年二月初八日同安縣雨黑水四月惠安縣地震聲如雷十一月安溪縣地大震山崩裂各縣志合纂

二十四年八月惠安縣颶風大作九月地大震洛陽橋欄圮十二月同安縣地生黑毛明史萬曆府志合纂

二十五年同安縣積善翔風等里雨雹壞瓦損麥又有黑雲一片如箕所過瓦屋俱動至劉五店尤甚閩書

二十八年泉州大水安溪同安二縣地震安溪同安二志合纂

二十九年六月六日泉州大水南安縣溪漲漂沒民居無數南安縣志

三十一年七月惠安縣地震八月同安縣大颶風海水漲溢積善嘉禾等里壞廬舍溺人無數十月地生毛十一月二十八日申時有大星如毬自南有聲是年泉商販呂宋者數萬人盡爲所殺閩書

三十二年十一月初八日泉州地震初九夜連震十餘次山石海水皆動地裂數處郡城尤甚開元鎮國塔尖石墜損扶欄城內外廬舍傾圮覆舟甚多萬歷府志

三十三年十二月泉州南街火延燒百餘家燬華表甚多福建通志

三十四年八月初七日泉州颶風飄圯石坊十餘折開元寺西塔頂銅葫蘆是年饑閩書

三十五年正月泉州地震門戶搖動有聲八月二十八日颶風壞府儀門府學櫺星門及東嶽神殿石坊北門城樓自東北抵西南雉堞窩鋪傾圯殆盡洛陽橋梁折萬歷府志

三十七年五月初六日泉州地震門戶瓦屋俱搖動有聲閩書

三十九年六月有大星隕于同安同安縣志

四十一年泉州秋旱閩書

四十二年夏泉州海水一日三潮秋大水平地數尺田宅廬墓多壞安溪登高山崩福建通志

四十四年泉州大饑福建通志是年晉江鰲頭鄉神廟忽有獸脊自海上飛至轟然有聲司空日記

四十五年泉州大饑疫閩書

四十六年二月庚辰同安縣大雨雹如斗如拳擊傷城郭廬舍壓死者二百二十餘人是年秋有赤白雲一片長丈餘似刀形俱於夜分後見于東方閱數月乃止明史南安

縣志合纂

四十七年夏安溪縣大風雨長泰里山裂數十丈水從地湧起有蛟騰去二穴爲深潭 安溪縣志

天啓四年南安縣麥一莖兩穗 南安縣志

六年三月南安縣火災邑治前東西兩畔踰時皆燬 南安縣志

崇禎四年十二月二十一日丑時泉州地震 福建通志

五年二月初二日泉州地震 福建通志

十年二月初二日清源山異雲湧起如沸風雨大作平地水深數尺新橋淹没 司空日記

十二年正月一日同安縣城南火災八月十七日泉州大風

十三年正月初七夜同安雨豆同安縣志

十四十五年每日未中之交西南方天色如血未幾諸邑遂有斗挖亂民之變司空日記

十五年泉州雨水如血福建通志

十六年同安縣從順里雨水如血同安縣志是年邵武東塔有海鳥二色白大如車輪飛則腥穢遠揚司空日記

十七年春南安人家祖先木主几上自行南安縣志

國朝順治四年泉州雨絲福建通志
五年八月泉州清源山蛻巖頂石崩是年饑福建通志
十一年二月惠安縣雞作人語其冬海寇入城七月十二日龍起晉江縣雁塔鄉經過處有火光壞民居無數神廟中拽出泥像數軀司空日記是年同安縣陂減及葫蘆山後地中有烟冲起三日不散泉湧如血同安縣志
十二年春南安縣雨水如血冬十月泉州雨絲南安縣志
十三年正月泉州大雨雪平地五尺許五月南安縣署東榕樹吐烟高數丈俱在未申時半月方止通志參南安縣志

十四年七月泉州雨絲福建通志

十五年五月泉州虎入北門水關福建通志

十六年九月泉州大風雹

十八年秋泉州颶風大作晝暝福建通志

康熙元年同安縣海中有人面魚豎起水面見人笑而沒

是年泉州大饑通志同安縣志合纂

二年春泉州雨雹夏南安縣大水行舟入市七月又大水

是年四月朔安溪縣黑光摩盪如連環狀自辰至午乃止五月七月皆大水福建通志參安溪縣志

三年正月初九日泉州九虹並見同安蛟見六月六日暴風雨水驟漲自辰至申水高丈餘城中市肆湮沒溺死甚衆三晝夜乃退十月初旬彗星躔翼宿長丈餘西北直抵婁宿歷十有三舍積月餘乃消福建通志

四年泉州大旱自十月不雨至五年三月福建通志

五年七月泉州雷震紫帽山頂凌霄塔崩八月郡東門外巨石夜裂是年同安大有年福建通志

六年泉州大有年銀一兩買穀八石福建通志

七年泉州府學榕樹生玉芝三莖是年八月大水壞民居

禾稼南安縣城圮福建通志

八年秋泉州大旱福建通志

九年四月晉江縣民獻兩穗麥秋大旱九月朔風雷暴發

大雨雹福建通志

十年十月泉州地震福建通志

十二年三月十六日午時泉州地震聲如雷福建通志

十五年四月十六日泉州大水民畜溺死甚多雍正志摘

十七年五月泉州城鳴聲如微雷福建通志

十九年泉州大饑是年六月有星孛于西南經月乃隱八

月大風拔木室中火光如電雨如注福建通志

二十年同安縣秋旱無禾同安縣志

二十一年二月泉州東門外民家豕生豚兩頭八足是年七月中夜有大星十餘各曳長尾其色慘淡自西南入于箕尾分野福建通志

二十二年泉州海不揚波澄泓若鏡是年臺灣平雍正志稿

二十三年泉州五色雲見雍正志稿

二十五年秋七月泉州地震雍正志稿

二十六年五月泉州大風禮拜寺塔圮雍正志稿

二十九年大有年雍正志稿

三十年泉州大風雨海溢數丈惠安縣民居多漂沒雍正志稿

三十五年同安縣甘露降雍正志稿

三十六年同安縣虫食五穀雍正志稿

三十七年四月廿八夜同安縣大雨水漲數丈西門城崩橋梁盡壞民居漂沒數千家同安縣志

三十九年泉州地生毛長者盈尺雍正志稿

四十二年春泉州旱無禾雍正志稿

四十六年六月同安縣蓮花山石裂有聲如雷大水壞[illegible]

今福建通志參同安縣志

四十七年泉州大疫羅貴 雍正志稿

四十八年八月一日辰刻泉州昏黑如夜 福建通志

四十九年夏泉州大水羅貴 雍正志稿

五十年六月泉州地震七月又大震 福建通志

五十二年二月泉州地震同安縣大水 雍正志稿

五十六年冬泉州火燔麗正門樓 雍正志稿

五十七年八月初二日泉州大水海漲入城高數尺新橋石梁衝壞人畜多溺死 福建通志

五十九年正月安溪大雨雪安溪縣志

六十一年正月泉州石筍橋第三坎鳴有聲隨折墮水六月颶風害稼雍正志稿

雍正二年六月泉州大水雍正志稿

三年七月二十日安溪大水漂民居田地八月又大水安溪縣志

五年正月安溪大雪五月泉州糴貴八月泉州大雨溪漲安溪縣志

六年晉江南安同安三縣秋旱福建通志

七年五月泉州東門外嘉禾兩穗福建通志

八年七月十六日大水漲入郡城福建通志

九年泉州大有年雍正志稿

乾隆七年安溪縣自春徂夏不雨無禾安溪縣志

十三年惠安縣大風災潮水驟漲傷田稼

十七年晉江南安安溪三縣大水壞民居無數同安縣大

風災

十八年泉州大疫至明年秋乃止死者無數

二十二年泉州旱饑

二十三年泉州旱饑

二十四年雙門前火延及明蔡文莊清理學名臣坊

二十五年同安縣大水壞田廬